営業・サービスの
データ解析入門

業績を上げるビッグデータの使い方

■

今里健一郎・高木美作恵・野口　博司

[著]

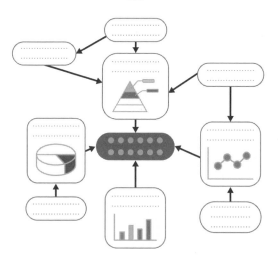

日科技連

はじめに

　2019 年に中国の武漢で発生したといわれる新型コロナウイルスのヒトへの感染が世界中に拡がり，日本も 2020 年の 1 月に，初めて感染者が出ました．この影響は非常に大きく，感染防止策の 1 つである「3 密を避ける」ために，在宅勤務などのテレワークが積極的に導入され，また組織の会議も Web 会議が常態化するなど，ビジネス上のコミュニケーションのとり方が大きく変化してきています．

　また，営業・サービス活動においても，お客様とは，非対面によるコミュニケーションを余儀なくされています．コミュニケーションでは，言語と表情や態度といった非言語の要素の 2 つがあります．最近，「ヒトは見た目や表情が 9 割」というメラビアンの法則がよく取り上げられました．メラビアンの法則[16]とは，「身だしなみや態度，感情やボディランゲージといった非言語コミュニケーションで，相手が好意をもってくれ，伝えたいメッセージが強化でき，齟齬なく伝えられる」というものです．しかし，非対面になると，視覚情報の非言語の要素が小さくなり，語りかける言語情報や音声の要素が大きく寄与してきます．特に，言語情報が大切となり，ここでもできるだけ事実の事項をベースに語った後に，伝えたい内容をわかりやすい言語にすることが求められます．

　一方，2010 年の英国の雑誌 *The Economist* の中で "big data" という言葉が使われ出してから，早 10 年以上が経過しました．今やいろいろな手段により，多種多様なデータ（数値データも言語データも）が大量に得られるようになっています．そして，ビジネスの世界では，これらのビッグデータから，目的に応じたデータ解析を行い，「事実の事項」と「推定・意見の事項」とを峻別して，そこからビジネスに役立つ有用な知見を発見して，問題解決を図ろうとしています．

　これからの営業・サービス活動では，以下が求められます．

① 　ビッグデータの中から必要なデータを集めて，お客様が抱えている問題の解決に活かすこと

② 　大きく変化したお客様とのコミュニケーションから，潜在要求が多く含まれている言語データを的確に取り出すこと

③ 　取り出した言語データについて，新 QC 七つ道具(N7)などの手法を活用して解析し，お客様の潜在要求を捉えて，お客様のための提言内容を増やしていくこと

　本書は，営業・サービスに携わる実務者のために，役立つ言語データ解析手法と，必要に応じて活用すると便利な数値解析(統計解析)手法とをわかりやすく解説するものです．

【本書の構成】

第1章　ビッグデータをアフターコロナの営業・サービス活動に役立てる

　アフターコロナの営業・サービス活動の中心は，テレワーク，インサイドセールスの推進，お客様の情報管理，営業活動の自動化などです．第1章では，まずこれらについて解説します．その後に，主なビッグデータの解析法を解説します．また，代表的な数値データの解析法や，言語データの解析法では，定型化した言語データ解析であるピボット分析，定型化されていない(非定型の)言語データを解析する手法として，新 QC 七つ道具について解説します．特に，これからより大切となる言語データの扱いについては詳しく解説しました．第1章で示したビッグデータに関する事項などを活かして，これからの営業・サービス活動の仕組みの見直しや構築の推進に活かしていただけるものと思います．

第2章　営業・サービス活動の問題・課題解決4ステップ

　営業・サービス活動で具体的に生じる問題について，解決手順を次の4つのステップに分解し，詳しく，またわかりやすく解説します．

　ステップ1　問題の見える化

ステップ2　要因の見える化

ステップ3　対策の見える化

ステップ4　実用化の見える化

　ステップ1「問題の見える化」では，問題のポジショニング法や現象の時系列分析法など，ステップ2「要因の見える化」では，散布図，相関・回帰・重回帰分析や連関図法の活用の仕方など，ステップ3「対策の見える化」では，系統図法の活用の仕方など，ステップ4「実用化の見える化」では，PDPC法の活用の仕方などを詳しく解説しています．この手順により，ほとんどの営業・サービス活動で生じる問題解決が効率よく推進できるものと考えます．

第3章　営業・サービス活動の成功事例

　第3章では，第1章や第2章で解説した手法や手順により，営業活動での問題解決に成功した実際の事例を紹介しています．

　アフターコロナにおいて，良好なコミュニケーションをとり，お客様の潜在要求を捉えるためには，言語データをより大切にする必要があります．本書は，非定型な言語データを解析する新QC七つ道具と統計的手法（特に相関回帰，重回帰分析）とを組み合わせて，市場の見える化に努め，営業・サービス部門の目的を達成（問題を解決）するために役立つものと確信しております．

　最後になりましたが，本書の出版企画に際して，常に適切なアドバイスをいただきました日科技連出版社の戸羽節文社長，また加筆・修正など校正において多大なご尽力を賜りました，日科技連出版社の出版部の石田新係長には，心から厚く御礼申し上げます．

　2021年2月

著者一同

目　次

第1章

ビッグデータをアフターコロナの営業・サービス活動に役立てる

　新型コロナウイルスの流行をきっかけに，各種業務の遂行をテレワークで展開するようになりました．そして，ヒトとのコミュニケーションも，Zoom，Skype，それにTeams（Microsoft社提供）などで代表されるツールを使用したweb会議による非接触なミーティングになっています．アフターコロナの営業・サービス活動は，お客様とは非対面によることを余儀なくされるでしょう．それに伴って，より一層，デジタルスキルが大切となります．

　また，近年のビッグデータ時代では，従来のデータベースとは異なる大量でかつ多種なデータを，ネットなどを通じて容易に集められます．各企業は，集めたデータから何かビジネスに役立つ知見が得られないかと，データ解析力の向上にますます力を入れています．当然，その専門職である「データサイエンティスト」の存在も大切ですが，得られた知見を加工・工夫して現場に適用するのは，営業・販売部門や小売，医療・介護をはじめとするサービス産業で，市場の第一戦で活躍している方々です．このような時代では，データ分析ができる理系の人材が主役と考えがちですが，実際は，ビッグデータから得た情報などを活かせるセンスがある，営業・サービスの文系の人材が大切なのです．

　本章では，営業・サービスの方々が，アフターコロナのビッグデータ時代に実践するべき営業・サービス活動に関する基本と，言語データの集め方・活かし方を解説します．

1.1　アフターコロナにおける営業・サービス活動

　これからは，「テレワークによる業務の推進」や直接対面での商談やサービスの提供に依存しない「アフターコロナの営業・サービス活動の基本」を考える必要があります．

(1) テレワークによる業務の推進

テレワークによる業務の推進の基本を解説します.

1) テレワークを推進するために,社内業務の効率化と標準化・電子化を進める

出社しなければできない業務をなくすには,業務の効率化と標準化が不可欠です.そして,押印の必要な業務は,電子化して押印を廃止するなど,自社内の事務手続きを極力電子化します.

2) テレワークのコミュニケーションでは,「空気を読む」や「以心伝心」の考えは捨てて,伝えたいことを明確な表現で伝える

テレワークでのコミュニケーション手段は,文字,画面内での映像,マイク越しの音声です.文字は画面越しでも見やすい文字サイズにします.資料は簡潔かつ明快な内容にして,見やすくわかりやすいことを心がけます.通信回路の事情により,大容量のデータは送れないことがあるため,資料の簡素化に努めます.音声は,大きな声でゆっくりと聞きやすいトーンにします.マイクの取り扱いに注意して,音声が途切れないようにします.

3) Web 会議やビデオ通話のルールをつくる

会議の参加者は,画面に映ったものしか見えないので,気が散るような背景は向きません.説明用の資料を背景にしない場合には,白1色などの背景が好ましいです.Web 会議ツールの背景を合成する(隠す)ツールも有効でしょう.また,ビジネスに相応しい服装と身だしなみにも心がけます.

4) 在宅勤務時,意識して体力づくりに努める

在宅勤務になると,1日の歩数は極端に少なくなり,筋力の低下が生じます.在宅勤務による運動不足で体力が低下すると,それを取り戻すことは容易ではありません.ジョギングなどの本格的な運動にこだわる必要はなく,自宅内でできる体操や,近所のウォーキングでも体力維

持に役立ちますので，長く維持できる方法を選んで行います．そして，「よく働き，よく休む」をモットーに在宅勤務にメリハリをつけます．

5) 業務の遂行で役立つようなツールやシステムがないと思ったら，社内のシステム部門に相談する

何かよいツールやシステムがないかと思ったら，自社のシステム部門の方に相談しましょう．クラウドには利用できる業務システムが集められています．それを探して，利用するのがよいでしょう．ログインできれば，場所を選ばず使えます．ただし，機密保持とセキュリティを配慮します．

(2) 営業・サービス活動の本質

お客様と対面して行ってきた営業・サービス活動では，お客様との人間関係を最優先する傾向にありましたが，コロナ禍になり，お客様にとっての一番大切なことはお客様のための提言が第一と気づいたはずです．これからの営業・サービス活動の本質について，箇条書きで解説します．

1) お客様の抱えている課題の解決を導くという姿勢が最も大切

良好なお客様との人間関係は，確かに良好なコミュニケーションに結びつきますが，**お客様が一番喜ばれることは，お客様の課題を見つけて，その解決案を提言し解決を支援することなのです**．つまり，お客様の事業を改善する答えとしての製品やサービスを提供することが大切です．

また，お客様の課題への提言だけではなく，お客様が困るようなことがわかれば，一早くお客様へお知らせします．

筆者が素材メーカに勤務していたときの出来事です．ある素材の納期遅れが発生しました．営業マンAは自社の製造工場に生産を急ぐように督促しただけでしたが，別の営業マンBは，督促とともに製造工

場の現状を調べ，Ｂのお客様である加工業者に納期遅れの現状と確約できる納期の連絡をしました．お客様に迷惑をかけたことは同じですが，Ｂのお客様は末永く当社のお客様であり続けてくれました．しかし，Ａのお客様は，しばらくすると他社に奪われました．**お客様の立場に立った誠意ある対応・行動がもっとも大切です**．

2)　受注見込みの高いお客様への重点的な営業・サービス活動の実施

　後述するRFM分析やパイプライン管理の分析結果，メール，SNSやWeb会議の状況などをよく検討して，受注に結びつきやすい見込みお客様を絞り込みます．成約率の高いお客様に特化して重点的な活動を進め，ムダを省いた効果の高い営業・サービス活動に専念します．

3)　安定した売上のために既存のお客様へのフォローをしっかりと行う

　既存のお客様は，自社品やサービスの内容をよく理解してくれています．安定的な売上を維持するためにも，既存のお客様へのフォローをしっかり行い，リピート購買につなげていきます．1.2節で後述するRFM分析やパイプライン管理などからも，既存のお客様へのフォロー内容が読み取れるので，対策などを展開します．

4)　優秀な人材を広く活用する

　テレワークが常態化すれば，毎日，通勤する必要がなくなります．すなわち，従業員の居住地やお客様のエリアに関係なく，お客様に対しての貢献度が見込まれる優秀な営業・サービスの担当者を探し当て，戦力とすることができます．例えば，親の介護のために地元を離れられなかった優秀な人材を発掘するなど，戦力の強化を図っていきます．

5)　既存のお客様や見込みのあるお客様とメールのやりとりやWeb会議ができている営業・サービスの担当者は，コロナ禍以前からもきちんとしたコミュニケーションができている

　今回のコロナ禍のような不測の事態が生じても，オンラインによるお客様とのコミュニケーションがとれるのは，普段からの誠意ある営業・

サービス活動の積み重ねにあることを肝に銘じておきます.

(3) インサイドセールスの見直し活用

コロナ禍により,従来のフィールドセールス(対面営業)が難しくなりました.そこで,インサイドセールスの活用が見直されています.

インサイドセールス(対面しない営業)とは,マーケティングプロセスの一貫で,多数のお客様を分析して成約の可能性を見極め,お客様との受注につながる確度の高さに応じてお客様をラベリングし,対面訪問ではなく,ネットやダイレクトメール(DM)などによる,インサイドによるお客様対応をすることをいいます.

インサイドセールスは米国で生まれました.米国は国土が広いので,企業がお客様を直接訪問する営業マンを多数抱えることは,非常に非効率でした.そこで早くからこのインサイドセールスが行われました.特に 2008 年のリーマンショック以降から,このインサイドセールスが盛んになりました.今またコロナ禍の拡大の影響で対面訪問が難しくなったことから,このインサイドセールスの活用が世界的に見直されています.

インサイドセールスは,お客様の受注見込みの確度により,お客様のランク分けを行い,受注見込みが高くなった A ランクのお客様だけにフィールドセールス(対面営業)を行い,その際,優秀な対面販売担当者をお客様のところへ派遣して商談する,という考え方です.一方,今のところ受注の見込みの確度が低いお客様には,自社とのコミュニケーションを非対面の手段にてつなぎ止め,受注の確度を高めるためのフォローをしていきます.

A ランク…確度が高い見込み客:

フィールドセールス担当の営業マンに連絡して,このランクのお客様には対面訪問を推進します.

Bランク…確度が中くらいの見込み客：

インサイドセールスでWeb会議を使った商談などを申し込みます．

Cランク…確度が低い見込み客：

適宜，電話やEメールやDMなどで，受注の確度が高まるまでコミュニケーションを絶やさないようにします．なお，電話での営業は一般的に印象が悪いので，自社の電話の適切なオペレーションルールを決め，メンバーにはそれをキチンと守るようにさせておく必要があります．

既存のお客様，すでに取引のあるお客様：

次回の購入の可能性が高まるまで，Web会議，Eメール，DMや電話でフォローします．

インサイドセールスにおいては，お客様データの管理とその分析が極めて重要です．お客様分析については，後述するお客様の属性や行動要因などからお客様を分類するクラスター分析，購入金額や頻度，時間などから上得意お客様や潜在的見込みお客様などをランク分けするRFM分析，それにツイッターなどのSNS上のお客様の声から要望などを創出するピボット分析などがあります．

インサイドセールスの効果をより高めていくためには，インサイドセールスで得た見込みお客様の情報やWeb会議での商談内容などについては，商談の進行と突き合わせて，フィールドセールス担当の営業マンにタイミングよく知らせる情報連携が不可欠です．そのためには，次節で述べるパイプライン管理が有効です．

■1.2　お客様情報の管理と営業活動の自動化のための方法

お客様との良好な関係を構築するために，お客様の情報を管理することが大切です．その管理の仕組みの一つが顧客関係管理(CRM：Custermer Relationship Management)で，一般的には顧客管理システムの意味で使われています．CRM は，もともと通信販売などで，お客様に定期購入を継続してもらうために，お客様ごとの情報を積み重ね，各お客様へのきめ細かいフォローを実現するためのものでした．お客様が定期購入してくれる要因である，「商品価値を感じる」，「リーズナブルに購入できる」，「その他のサービスがよい」を大切にして，方策を展開します．また，営業マンが，日々の活動内容を，スマートフォンやタブレットといったモバイルデバイスに入力することで，次に連絡が必要なお客様やアクション内容などを教えてくれる営業支援システムであるSFA(Sales Force Automation)の活用が，今見直されています．

　CRM と SFA の解説は省略しますが，本節では，これらの考え方に通じ，自前の工夫で推進できる顧客管理の方法として **RFM 分析**を，また日々の営業活動のプロセス管理から，ボトルネックプロセスを発見して，改善策を講じ，営業活動の効率化を推進する**パイプライン管理**について解説します．

(1) RFM 分析
1) RFM 分析とは

　RFM 分析とは，最近購入した日(Recency)，ある期間での累計購入回数(Frequency)，その間の累計購入金額(Monetary)の3つの指標に注目して，お客様を分類する手法のことです．指標の英文字の頭文字をとって RFM 分析と呼んでいます．米国の通信販売業者が効果的に DM を配布するために考案した方法です．

2) RFM 分析の目的

　RFM 分析の主な目的は，お客様の再購入の可能性を判定することにあります．再購入の可能性の高いお客様グループの特徴を見つけ出し，彼らが再購入するように働きかけ，さらなる継続購入につながる方策を

展開します.

　すなわち，お客様のデータベースを意味のあるグループに分類して，各グループに存在するお客様数を推定し，各お客様グループをさらに上位のお客様グループへとランクアップさせることや，お客様のつなぎ止め施策などを展開して売上増をねらいます．お客様グループ別に，今後どのような方策を展開すべきかを検討することで，効率のよい販促活動が期待できます.

3)　RFM 分析の事例

　次の事例「量販店 A のカード会員のお客様の RFM 分析」にて解説します．表 1.1 のように，R，F，M について 3 段階のレベル基準を設けます．ここでは，最近購入した日である R は，上位のレベル 1 が 1 週間以内，レベル 2 が 2 週間以内，レベル 3 が 2 週間以上としています．来店回数または購入頻度の F の累計は，上位のレベル 1 が月 10 回以上，レベル 2 が月 5 回以上，レベル 3 が月 5 回未満としています．累計購入金額の M の累計は，上位のレベル 1 が月 4 万円以上，レベル 2 は月 1.5 万円以上，レベル 3 は月 1.5 万円未満としています.

　F や M での累計期間をどのくらいに設定するかは，業種や業態によって異なります．飲食店なら 1〜6 カ月，百貨店やネット通販会社なら 1 年間，家電小売業なら 3 年間，自動車など長期で利用される耐久消費財の場合は 5〜10 年間くらいでしょう．来店がなく顧客が離反したと思われる期間の長さや，商品の買い替えサイクルなどからも検討して

表 1.1　量販店 A のお客様の RFM 分析の基準

	Recency	Frequency	Monetary
レベル 1	1 週間以内	月 10 回以上	月 40,000 円以上
レベル 2	2 週間以内	月 5 回以上	月 15,000 円以上
レベル 3	2 週間以上	月 5 回未満	月 15,000 円未満

判断します．ネット販売も同じで，ネット購買でのリピート期間で判断します．

　RFM分析はR，F，Mの3次元なので，3段階で分けた場合でも，組合せは3×3×3＝27と多くのグループに分かれてしまいます．これらのすべてのお客様グループについて対応策を検討するのは現実的ではないので，**図1.1** のように自社に見合ったお客様層にグループ分けし，グループごとに今後ネット注文や来店してもらう方策を考えます．方策展開の検討には，現場で接客している従業員やネット注文を受けた従業員にも加わってもらい幅広い方策を練り上げます．

　R，F，Mともに上位のレベルに属するお客様グループは，直近に購入し，この1カ月に最も多くネット注文や来店があり，1カ月累積の購入金額も最も大きいので「上得意お客様」とします．逆にR，F，Mともに一番レベルの低いお客様グループは，1カ月弱もネット注文がなく，足が遠のいており，購入金額も最も少ないため，「非優良お客様」とします．2週間にはネット注文や来店があり，来店頻度も月5回程度

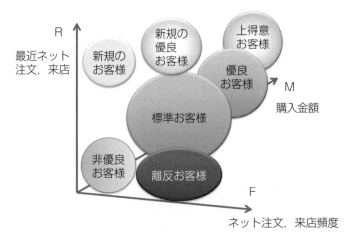

図1.1　RFM分析による量販店Aのお客様のグループ分け

で，購入金額も平均的なお客様のグループは「標準お客様」です．直近にもネット注文や来店があり，最近のネット注文や来店頻度も平均以上で，購入金額も平均以上のお客様グループは「新規の優良お客様」といえます．まだ購入金額が少ないですが，最近ネット注文や来店があったお客様グループは「新規のお客様」です．そこそこネット注文や来店があったけれど，最近はネット注文も来店なしで購入金額も少ないお客様グループは，「離反お客様」とします．「上得意お客様」ほどではないが2週間以内にネット注文や来店があり，月5回以上はネット注文や来店があり，購入金額も比較的多いお客様グループは「優良お客様」とします．

RFM分析では，「上得意お客様」をメインターゲットとせずに，まず「優良お客様」や「標準お客様」のグループを，それぞれ1つ上のランクの「上得意お客様」，「優良お客様」のグループに移動させられるような施策を考え，その方策を展開します．次に「非優良お客様」と「離反お客様」との峻別を行い，「離反お客様」には一度はつなぎ止めの施策を展開します．しかし，つなぎ止められなかった場合は深追いをせずに，むしろ「新規のお客様」や「新規の優良お客様」が安定した標準お客様になるような施策を展開します．

RFM分析では，R，F，Mの中から2つだけを取り上げて二次元マップ上で分析することもあります．いずれにしてもお客様をグループ分けし，グループごとにランクアップさせる効果的な施策を展開して売上増を図ります．

お客様のことをよく知り，各お客様に合ったメルマガ配信やWeb接客などのアプローチにより，常にPDCAを回し，その時点での最善と思われる施策を実行することで，企業や組織にとっては非常に大きなメリットを生みます．

(2)　パイプライン管理

1)　パイプライン管理とは

　営業活動の一連の業務プロセスをパイプに見立てて見える化し，どのプロセスに問題があったかを分析して，改善を行うマネジメントのことをパイプライン管理といいます．見える化されたパイプラインから，どこのプロセスで失注や商談が長引いているかを分析し，原因を特定化し，改善策を講じます．組織としての営業活動のボトルネックが見つけられ改善が進められるので，組織全体の成長を促します．

2)　パイプライン管理の進め方

　企業により業務プロセスの内容は異なりますが，今回は**図 1.2** の企業間取引である B to B（Business to Business）セールスを前提にしたパイ

営業プロセス

| お客様情報の入手 | 問合せヒアリング | 訪問 | キーマン把握 | 見積提案 | 評価合意 | 契約 | 受注 | 納入 |

各プロセスの定義

| お客様と売る商品との接点が見つけられた | お客様の状況と連絡先がわかる | 直訪問またはWeb会議の日程が決定している | リスナーに決裁者が含まれていた | お客様の要望に沿った提案ができる | 商品の好評価を得る | 商品購売契約をする | 納入日に間に合わせられる | 納品お客様の使用開始 |

各プロセスのゴール

| お客様の役立つ提案ができる | アポがとれた | 具体的なお客様メンバー判明 | キーマンと連絡がとれ要望がわかる | 提案書には,お客様の要望,課題解決案がある | 商品の使用テストが得られる | 売買契約条件が合致する | 代金回収条件・日付が決定 | お客様のフォロー開始 |

各プロセスのお客様の数

| ○○件 | ○○件 | ○○件 | ○○件 | ○○件 | ○○件 | ○○件 | ○○件 |

図 1.2　B To B の営業プロセス例

プライン管理の進め方を解説します.

手順1. 自部門の営業(商談)プロセスを明確・細分化して定義する

　お客様の反応を軸に考えて, 皆で自部門の営業プロセスを検討し細分化します. そして, 細分化した各プロセスの定義づけを行います. 例えば,「キーマン把握」のプロセスでは「リスナーに決裁者が含まれていること」とし,「見積提案」では,「お客様の要望に沿った提案ができること」とします. この各営業プロセスの定義をしっかり行うことで, 営業マン間での認識のズレがなくなり, パイプライン管理をうまく進められます.

手順2. 各営業プロセスのゴールを設定する

　次の営業プロセスへ確実に移行するためには, 各営業プロセスのゴールを設定し, 営業活動のベクトル合わせと生産性の向上の両方に努めます. 図1.2に示した各営業プロセスのゴールは抽象的ですが, ゴールには, アテンドできたお客様の役職, お客様の反応状態, 取引要件の具体的な内容などの情報や目標値を設定します. これらは, 皆が理解できることが前提です.

手順3. 各営業プロセスにあるお客様の数で進捗を見える化する

　各営業プロセスに存在するお客様の数や次の営業プロセスへの推移率がわかるようにします. これらにより, 現状の営業活動を洗い出し, 自らの営業活動の何がまずいかを明らかにします. その原因の見える化を進め, 対策を検討して改善します. 管理の途中で, 営業プロセスの細分化や定義づけ, それにゴール設定がまずいことに気づけば, 関係者の共通認識の下で, 全体の見直しを推進します.

　一所懸命頑張って活動しているつもりでも, 成約に至らない原因が見えないままに進めていては, 結果が出ません. 今一度, お客様の業界・業種や, 地域, 企業規模などの属性情報や, お客様の潜在的なニーズなどを総合的に見直すことも必要となります.

　営業活動では，つい目先の数字だけを追いかけがちです．成約を増やし，さらなる売上拡大をめざすには，営業プロセスのボトルネックの把握と適切な改善策の実施が欠かせません．継続的な成長を遂げるためにも，蓄積した情報データをもとに，早い段階から適切な軌道修正を行うことが重要です．パイプライン管理により，各営業プロセスの進捗管理を強化して，組織としての営業活動の最適化を推進します．

　いま営業マンに求められているスキルは，確実に変化・高度化されてきています．営業マンは，最も総合力を必要とする要職です．事実やデータに裏付けられた論理的思考が求められる一方，感性や創造性，計画性もコミュニケーション力も必要とされます．扱う商品の知識はもちろん，その他の幅広い知識や好奇心，探究心も必要です．またメンタルの管理も大切です．

　営業職によって得た数々の体験・経験は，将来どのような職業や職種に就いても役立つものばかりです．高いモチベーションをもって営業活動に取り組んでください．

■1.3　ビッグデータ解析への準備

（1）　ビッグデータとは

　ビッグデータとは，言葉のとおり，蓄積した大量のデータのことで

す．そして，その解析により，いままで見えていなかったナレッジを発見し，新たな知見としてビジネス活動に活かします．米国におけるデータ分析の第一人者であるディミトリ・マークス[1]は「ビッグとは，大量のデータというよりも，新しいビッグな知見の発見である」としています．

　ビッグデータ時代に至った背景として，ムーアの法則(Moore's law)[3]があります．ムーアの法則とは，インテル創業者の一人であるゴードン・ムーアが1965年に唱えた，「半導体の集積率は18カ月で2倍になる」という半導体業界の経験則です．また，コンピューター容量も拡大して機能が拡充し，CPUの性能もこの10年で100倍になり演算速度が速くなり，データ感知のセンサーも小型化・多様化しました．モバイルデバイスも発展し，急速に通信頻度も増え，速度も早くなり，ネット通信が拡大普及しました．クラウド化も進み，格納量に事欠かなく解析ソフトも非常に充実しています．このように，ビッグデータの収集や蓄積，それに解析の環境も整えれば，ますますビッグデータの活用の機会は増えていきます．

(2)　データ解析はマーケティング活動とともに進化した

　「マーケティング」という言葉は，1900年頃に誕生しました．その歴史は，18世紀半ばから19世紀にかけて英国から始まった産業革命による商品の大量生産時代までに遡ります．英国は，当時世界経済を支配しており，英国の企業は，植民地の市場でそれら売りさばくことはできました．しかし，植民地がほとんどなかった米国の企業は，大量生産された商品を売りさばく先に困り，自国内の市場の需要を創造し，商品を売り込むマーケティングを考え出したのです．

　表1.2は，米国と日本のマーケティングの歩みを示しています．米国では，市場を見える化するために，マーケティングリサーチを重視し，

表 1.2 「マーケティング」の誕生 [4)5)] とデータ解析の歴史

- ●「マーケティング」は 19 世紀末期から初頭にかけて誕生しました.
- 1902 年：ミシガン大学で，最初のマーケティングコースが当時の投資家の E·D·ジョーンズ(1893 ～ 1982)によって講義されました.
- 1905 年：ペンシルベニア大学で「The Marketing of Product」の科目が開講され，後の AMA の前身である教師協会が 1935 年に「マーケティング」の定義をするころには，「マーケティング」の言葉は定着し，データ解析法も講義されました.
- 1937 年：米国・マーケティング協会(AMA)が設立されました.

- ● 日本のマーケティングとデータ解析
- 1930 年：ビールの全国需要予測のデータ解析が最初のようです.
- 1947 年に電通調査局，1954 年に中央調査社が設立され，世論調査とともに消費財の商品についての意見や苦情について調査されました.
- 1955 年ごろから，マーケティングリサーチの必要性が言及されるようになります.
- 1957 年：日本マーケティング協会設立.
- 1966 年：日本マーケティングサイエンス学会設立.
- 1975 年：日本マーケティングリサーチ協会設立.
- 1991 年：アジア太平洋マーケティング連盟設立.
- 2007 年：アジアマーケティング連盟(AMF)設立.
- 2012 年：日本マーケティング学会設立.

データ解析を進め，1937 年には，マーケティング協会が誕生しています.

　日本での「マーケティング」への取組みは，米国よりも約 20 年近く遅く，日本のマーケティング協会は 1957 年に誕生しています.

　消費者主体型の流通システムを構築して，実業家の後継者を育てるために流通科学大学を創始した中内㓛(1922 ～ 2005)と筆者とが昼食をともにした際に，彼は，米国の元大統領ドワイト・アイゼンハワー (Dwight D. Eisenhower, 1890 ～ 1969)の格言"Plans are nothing, planning is everything." を取り上げて，「企画は，その根拠を常に示す必要があり，思いつきだけの提案だけではダメだ」といわれたのを思い出します. このビッグデータ時代では，なお一層にデータで裏付けられた企

画が重要となります.

(3)　マーケティング分野でのビッグデータ解析の活用例

　ビッグデータを得ることで，マーケティング内容の改善の可能性が生まれます. 大切なのはビッグデータ自体ではなく，そこから得られる知見と，それによって生まれる意思決定や行動です. 現在どのようなマーケティング分野でビッグデータ解析が行われているかを**図1.3**に示します.

　図1.3のPOSデータからのお客様分析には，よく活用されています，今はオンライン購入データやクリック率，サイト閲覧行動，ソーシャルメディアでの対話，位置情報などから，タイムリーなお客様行動分析や売れ筋商品を把握することに役立てられています. マーケティング分野

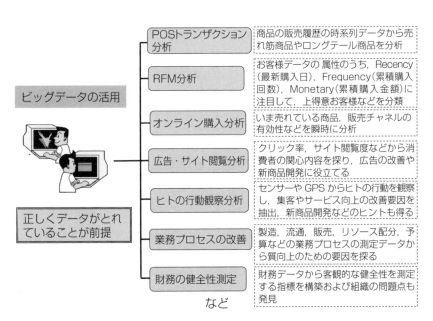

図1.3　マーケティング分野でのビッグデータ解析の活用例

でのビッグデータ解析は，売上高向上のためのお客様分析，新商品開発，業務プロセスの改善，財務システムの質向上を目的としたものが多いです．

(4)　ビッグデータと AI

　ビッグデータといえば，**図1.4**に示す AI 開発の変遷の中に記載した将棋と碁などのプロ棋士を負かした AI の話が欠かせません．AI(Artificial Intelligence)とは人工知能のことであり，あらゆる分野に，この AI が活用されています．AI の定義は，専門家により意見が分かれますが，本書では，AI 研究の第一人者である東京大学教授の松尾豊(1975 〜)[6]の「人工的につくられたヒトのような知能，ないしはそれをつくる技

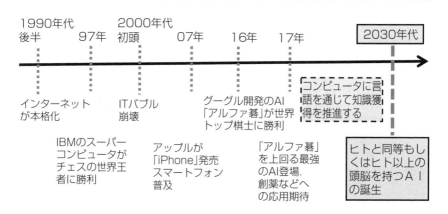

図 1.4　AI 開発の変遷

術」とします.

　AI は, 特定分野で蓄積されたビッグデータから, コンピュータに機械学習(後述)[7)8)] などで学習させ, その分野でヒトの脳を超えるほどの能力を身につけさせます. 今は言語を通じて知識獲得をさせ, 2030 年にはヒトに勝る汎用 AI を誕生させるさまざまな研究[9)10)11)12)] が進められています. そして, 近い将来には働くヒトの半数が AI に仕事が奪われるのでは, といわれています. しかし, コンピュータができるのは基本的に演算です. 数値や数式にできないものは処理ができません.

　言語やヒトの知的活動のすべてを数式に置き換えることは難しく, コンピュータに言語を理解させるのには, 大きな壁があります[10)11)12)13)]. したがって, コンピュータは, 言語理解が中心となり,「創造性」の発揮や, 周りをよく見て総合的に「マネジメント」すること, ヒトをあたたかく迎える「もてなし」などは苦手です, このような分野では, ヒトの仕事はなくなりません. ヒトは, 問題の発見や, 解決の糸口を得るために, 言語の理解力をより一層育み, また, 日ごろから論理的・科学的に考える習性[14)] を培っていれば, ヒトは AI には負けません. 特に営業やスタッフの方々は, これら言語能力に長けている方が多いと思います.

　AI 研究の世界的権威である米国のレイ・カーツワイル(1948 ～)が 2005 年に未来予測[15)] で「2029 年に AI がヒト並みの能力を備え, 2045 年には技術的特異点(technological singularity), すなわちヒトの脳と AI の能力とが逆転する」という**シンギュラリティ**問題を提唱しました. しかし, 筆者は, このようなシンギュラリティ問題は, 今後も来ないと思っています.

(5)　ビッグデータの分類

　音声や画像などのデータを除いたデータには, **図 1.5** のように, 測定できるデータの数値データと言語で表した言語データとがあります. 数

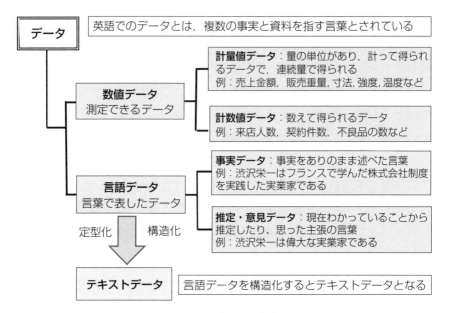

図 1.5　データの種類

値データには，営業成績を示す売上高の計量値データと，来店客数のように数える人数の計数値データとがあります．言語データには，「A 商品はこの 2 月末で 1 万個を完売した」という事実データと，「A 商品は非常に人気がある」のように現状を推定した推定データ，あるいは「A 商品は素晴らしい」と個人的に思った意見データとがあります．そして，各々のデータの分類に対応した解析法がありますので，以降それらを順に解説します．

■1.4 ビッグデータ解析手法

（1） 数値データのビッグデータ解析

　数値データのビッグデータ解析法は数多くありますが，本章では機械学習の一手法であるニューラルネットワーク（ディープラーニング）と，多変量解析の一手法であるクラスター分析の概要を解説します．

　なお，**機械学習**（machine learning）[7)8)]とは，人間が自然に行っている学習能力と同様の機能をコンピュータ（機械）で実現させるためのアルゴリズムです．また，**多変量解析**（multivariate analysis）[17)]とは，多数の特性を個々に詳細に眺めるのではなく，それらを総合的に要約し，理解できる形にまでまとめていくための統計的諸手法の総称です．

　ニューラルネットワークもクラスター分析も，その原理は最小二乗法にあります．最小二乗法とは「ある目的（結果）に対して，それを説明する要因（原因）に重み（係数）をつけた合成数式で目的（結果）を予測する際，合成数式の予測値と元の目的（結果）値との偏差平方和ができるだけ小さくなるように重み（係数）を決定する方法」です．

　第2章で，最小二乗法を用いた回帰分析や重回帰分析の活用例を解説しますので，第2章の回帰分析のところを読んでから，再び，このニューラルネットワークによる購入予測や，クラスター分析による商品別の顧客傾向を読んでいただけると，なお一層の理解が深まります．

（2） ニューラルネットワーク

　人間の脳は，脳の中の神経細胞（ニューロン）がつながり合ったネットワークになっています．このネットワークは電気で動いていて，近くのニューロンからの刺激が一定の電圧を超えると発火します．

　脳は，一千億個もあるニューロンの塊であり，ニューロンが，隣のニューロンから電気信号を受けて，一定以上の電圧（閾値）がたまると，

次のニューロンへと電気信号を伝えます（**図1.6**）．これを繰り返すことにより，脳のネットワークも動き，人間は考えたりすることができます．このプロセスを，例えば，ある電圧以上になるとオンとなるようにして，そのプロセスをプログラム上で作ります．このプログラムのことを**ニューラルネットワーク**（neural network）といいます．そして，このプロセスが多層構造になっているネットワークを特に**ディープラーニング**（**深層学習**：deep learning）と呼んでいます．

　ニューラルネットワークは，上記のような人間の脳神経回路網の動きを単純化して，その伝達を数学モデルで真似ることにより，予測精度の高い高度な情報処理網を構築するアルゴリズム（計算手順）です．

　図1.7にそのイメージを示します．図1.7は，脳を構成するニューロンの相互接続の単純なモデルを仮定し，入力x_iと出力yの整合性だけで最適な相互接続モデルを構築することを示しています．ある高級外車の過去の商談カルテに記載された商談プロセスx_i（要因）の記録を入力し，成約結果を出力yとして分析しモデルを構築し，新規のお客様の現状カルテから今後の成約を予測します．

　成約という顕在化した出力y（最終的に購入したお客様，購入しなかったお客様の両方の記録）に対して，入力の要因（職業，年齢層，趣味，年収など）の変数群x_iに各重み（係数）をかけ，脳内の入力にも出力にも直接つながらない隠れ層に，その刺激が伝わったとします．そして，その隠れ層に伝わった刺激t_kに，また新たなウェイトをかけ，次

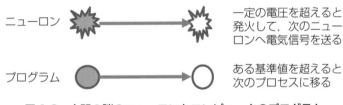

図1.6　人間の脳のニューロンとコンピュータのプログラム

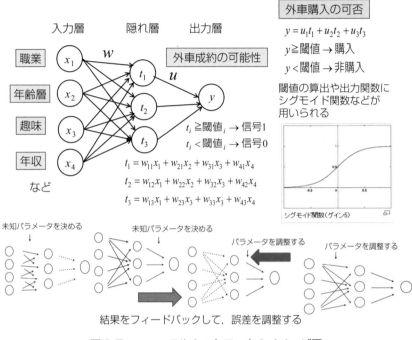

図1.7　ニューラルネットワークのイメージ図

の隠れ層に伝わるとします。それがいくつかの隠れ層を経て，出力 y に伝わり，ある刺激域を超えると購入することが顕在化するという伝達の情報処理網を構築します。逆に，実際に購入された出力 y に適合するように，各隠れ層 t_k や入力層 x_i の重み（係数）を調整し，より実際の出力 y にマッチした入力要因 x_i の数学モデルを導きます。

　各層の出力には，式(1.1)のシグモイド関数と呼ばれる数学関数が用いられ，最終の出力 y に対しては，刺激値の基準（閾値）を設定して，閾値以上なら「1＝購入する」とします。

$$f(x) = \frac{1}{1+e^{-ax}} \qquad (a>0) \tag{1.1}$$

$\{0\,(x<0),\ 1\,(x\geqq 0)\}$ といった不連続なステップ関数や，$\text{sgn}\,(x)=$ $\{1\,(x>0),\ 0\,(x=0),\ -1\,(x<0)\}$ などの符号関数は扱いにくいので，これらを連続関数に近似した関数がシグモイド関数であり，式(1.1)のような数式になります．形は，図1.7の右側の中央に示したようになります．そして，ニューラルネットワークの大切な概念は，**逆伝搬法**（Error Backpropagation）にあります．逆伝搬法は，最終出力 y の結果をフィードバックして，実測値と予測値との誤差をできるだけなくすように，ウェイトを調整することです．図1.7では隠れ層を1つだけしか示していませんが，実際には多くの隠れ層を設定して，より出力の予測精度を上げるように工夫します．

米国では，コロナウイルスに感染したヒトと感染しなかったヒトの身体測定のビッグデータを蓄積し，指にはめるリング型のセンサーから身体の状態を計測して，このニューラルネットワークで，コロナウイルスの感染するリスクを予測するシステムを開発しました．

(3) クラスター分析

クラスター分析（cluster analysis）は，異質なものが混ざり合っている対象（個体または変量）を，それらの間における類似度に基づいて，似たもの同士を集めていくつかのクラスター（集落）に分類する手法です．クラスターを階層的に構成して逐次併合する方法や，最初から集落数を決めてクラスターを非階層的に分類する方法など，いくつかのクラスター分析法 [17] があります．本章では，非階層的方法の **k-means 法** を解説します．この手法は，米国の数理統計学者のジェームス・マックイーン（James MacQueen, 1929 ～ 2014）[18] が提案した手法です．手法名どおりに，クラスターの平均（means）を用いて，対象をあらかじめ決めたクラスター数 k 個に分類するクラスター分析法です．

この分析法のアルゴリズムはいくつかありますが，一般的な流れを，

下記の例で紹介します（野口博司：『図解と数値例で学ぶ多変量解析入門』，日本規格協会，2018 年より）．

JUSE-P㈱はレトルトカレーの製造販売をしています．今回，辛口カレーと甘口カレーについて，主婦の購買意欲について調査しました．よく買うを + 2 点，買うを + 1 点，ほとんど買わないを − 1 点，まったく買わないを − 2 点として，15 人の主婦から，表 1.3 のような回答を得ました．

表 1.3 のデータから，主婦を個体として k-means 法でクラスター分析を行い，レトルトカレーの消費状況を考察します．表 1.3 より，各クラスター内の中心となる個体，すなわち「核」について，クラスター数 1 の $k = 1$ からクラスター数 5 の $k = 5$ までを選んで，分類を試みます．その都度のクラスター内の個体間の距離平方和を求めて，その推移結果

表 1.3　主婦のレトルトカレーの購買意欲

主婦の特徴	X_1：甘口カレー	X_2：辛口カレー
No.1：シニア	1.0	− 1.0
No.2：共働き	1.0	2.0
No.3：シニア	1.0	− 2.0
No.4：共働き	1.0	1.0
No.5：共働き	− 1.0	1.0
No.6：パート	− 1.0	2.0
No.7：ヤングママ	2.0	− 1.0
No.8：共働き	2.0	2.0
No.9：ヤングママ	2.0	− 2.0
No.10：共働き	2.0	1.0
No.11：パート	− 2.0	1.0
No.12：パート	− 2.0	2.0
No.13：共働き	1.5	1.5
No.14：パート	− 1.5	1.5
No.15：ヤングママ	1.5	− 1.5

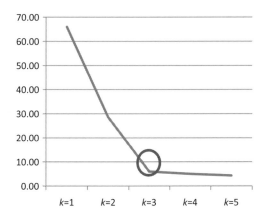

図 1.8　kの数によるクラスター内距離平方和の推移

を示したのが**図 1.8** です.

　図 1.8 より，$k = 3$ の 3 つの分類として，3 つの個体の「核」を選んだときが当てはまりがよいことがわかります.

　クラスター分類 $k = 3$ の結果を示したのが，**表 1.4** の右側の表です. $k = 3$ の「核」とした最初の個体は，アミカケした No.13, No.15, No.14 です. $k = 3$ のクラスター結果は，表 1.4 の右側の表より，クラスター C1 の重心は（ − 1.5, 1.5）で No.14 が対応し，クラスター C2 の重心は（1.5, − 1.5）で No.15 が対応し，クラスター C3 の重心は（1.5, 1.5）で No.13 が対応します. これは最初に核とした個体のままで，重心の位置を移動させなくても当てはまりがよいことを示しています. また，$k = 3$ のクラスター内距離平方は 6.00 であり，$k = 2$ のクラスター内距離平方 28.50 より大幅にクラスター分類の適合がよくなっています. クラスターの数 k を多くすれば，クラスター内距離平方和は減りますが，クラスター内距離平方和が最も減衰した k 点を解とします.

　表 1.4 の右側の表から，分類の対象にした主婦の特徴を元の 2 変量に散布したのが**図 1.9** です.

表 1.4　$k=2$ と $k=3$ の場合のクラスター分類結果

$k=2$	クラスターC	X_1甘口	X_2辛口	$X1^2$	$X2^2$
No.2	1	1.0	2.0	1.00	0.25
No.4	1	1.0	1.0	1.00	0.25
No.5	1	-1.0	1.0	1.00	0.25
No.6	1	-1.0	2.0	1.00	0.25
No.8	1	2.0	2.0	4.00	0.25
No.10	1	2.0	1.0	4.00	0.25
No.11	1	-2.0	1.0	4.00	0.25
No.12	1	-2.0	2.0	4.00	0.25
No.13	1	1.5	1.5	2.25	0.00
No.14	1	-1.5	1.5	2.25	0.00
No.1	2	1.0	-1.0	0.25	0.25
No.3	2	1.0	-2.0	0.25	0.25
No.7	2	2.0	-1.0	0.25	0.25
No.9	2	2.0	-2.0	0.25	0.25
No.15	2	1.5	-1.5	0.00	0.00
C_1のmeans		0.0	1.5	25.50	3.00
C_2のmeans		1.5	-1.5		28.50

$k=3$	クラスターC	X_1甘口	X_2辛口	$X1^2$	$X2^2$
No.2	3	1.0	2.0	0.25	0.25
No.4	3	1.0	1.0	0.25	0.25
No.8	3	2.0	2.0	0.25	0.25
No.10	3	2.0	1.0	0.25	0.25
No.13	3	1.5	1.5	0.00	0.00
No.1	2	1.0	-1.0	0.25	0.25
No.3	2	1.0	-2.0	0.25	0.25
No.7	2	2.0	-1.0	0.25	0.25
No.9	2	2.0	-2.0	0.25	0.25
No.15	2	1.5	-1.5	0.00	0.00
No.5	1	-1.0	1.0	0.25	0.25
No.6	1	-1.0	2.0	0.25	0.25
No.11	1	-2.0	1.0	0.25	0.25
No.12	1	-2.0	2.0	0.25	0.25
No.14	1	-1.5	1.5	0.00	0.00
C_1のmeans		-1.5	1.5	3.00	3.00
C_2のmeans		1.5	-1.5		6.00
C_3のmeans		1.5	1.5		

　クラスター C1 は，子供も大きくなりパートに出られるようになった主婦達が多いクラスターで，レトルトカレーは甘口より辛口をよく購入しています．クラスター C2 は子供が幼いヤングママらと暮らすシニア達を併合したクラスターで，レトルトカレーは辛口よりも甘口をよく購入しています．クラスター C3 は，共働きの夫婦で，レトルトカレーは甘口・辛口を問わずによく購入するクラスターとなっています．

　このように，クラスター分析は，お客様グループとその彼らの嗜好や購買行動との関連などを探るのによく活用されます．

(4)　言語データのビッグデータ解析

　営業・サービスの方々は，数値データよりも言語データを集めるほうが得意と思われます．ここでは，言語データを扱う解析法を広く解説します．まず，言語の力と，言語情報から言語データ化する方法を解説します．

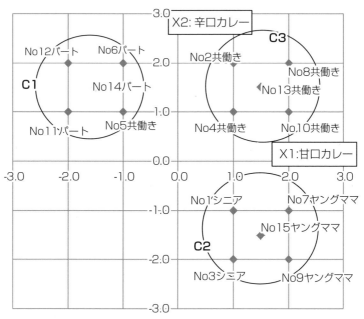

図1.9　表1.2の各主婦の特徴とクラスター分析の結果

1)　言語の力と言語情報からの言語データ化

　「言語」は，ヒト特有の本質であり，単なる記号ではなく，外的な反応や行動から独立して，内的に情報可能な音声や文字による記号です．それらの記号により，現実の状況をリアルに表現したり，ヒトの意志や思想，それに感情なども表現し，他のヒトに伝達します．他のヒトもそれを受け入れて理解できる一種の約束・規則となる記号の体系なのです．そして，現状の状況を表現する言語はできるだけ事実データを用い，予想・意思・思想・感情は推定・意見データを用います．

　「言語」は，非常に偉大な力があります．例えば，私達は言葉で，ものごとを深く考えることができますし，他のヒトからの支援を得られたりします．また言葉によって幸福感が得られたり，逆に失望したりもし

ます．これは，言語力により，ものの認識などや雰囲気が変わるからです．言語力とは，文学的表現とは別で，言語を用いて思考する力であり，その思考した内容を正確に伝達するコミュニケーション能力といえます．

　言語力を高めるには，私達はまず，物事を論理的，分析的，批判的に考察できる能力を培っておくことが必要です．言語力を高めれば，それを活かすことで苦手なヒトとも接することができて物事がうまく運べます．また，表現されている言葉の意味を深く読み込む言語力により，物事を多面的に考えて新商品開発のヒントに気づいたり，職場などの問題解決の糸口を見つけたりできます．

　この言語力に関する研究は，古今東西から，非常に数多くの研究がなされてきました．興味のある方は，巻末に示した文献[19)20)21)]を参考にされるとよいでしょう．本書では，言語力を高める1つの方法として「抽象の階段」[22)23)]について解説します．そして，その後に言語情報から言語データ化するポイントを説明します．

2) 「抽象の階段」とその活用例

　言語で構成される言葉は，抽象度の高いものもあれば具体性の高いものもあります．言語学者であったS. I. Hayakawa(1906 ～ 1992)は，1949年に**抽象の梯子**(Ladder of Abstraction)[22)]という概念を提唱しました．彼は，言葉には，抽象から具体までのつながり(抽象の梯子)があり，言葉で思考する際には，その抽象の梯子を昇り降りして，具体的になった現地(自然物)と抽象度の高い地図(記号)とを混同しないことで，混同しないためには，具体的な自然物の事実と，抽象された地図の推定とを可能な限り区別して検証する必要があるとしたのです．

　この抽象の梯子は，**抽象の階段**と呼ばれ，言葉の意味を拡大し，深め，普段使っている言葉の意味に厚みを増すために広く活用されています．

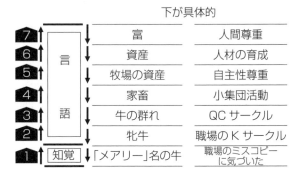

図 1.10　抽象の階段の例 [23]

　図 1.10 に抽象の階段の例を示します．「メアリー」は牝牛で，『抽象の階段』を昇ると，家畜となります．さらに，家畜の意味を本質的に捉えると，牧場の資産であり，富にまで抽象度を高くできます．高いレベルの抽象を意識すると，これまで見えなかった意味合いや共通点が見つけられます．反対に，抽象論を具体論に適用して，階段を降りていくことで，抽象論の妥当性・現実性を検証することができます．抽象の階段は，言葉の階段を昇り降りすることで，言葉の概念を具体的にしていったり，抽象度を上げたりして，言葉の意味を広げ，深めたりすることができるのです．

　抽象の階段を昇り降りすることにより，思考の幅をストレッチし，顧客の要求の本質を理解して商品開発を進めて成功した例を紹介します（図 1.11）．

　最初にお客様は「ドリルが欲しい」と言いました．その要求の言葉をそのまま捉えて，「軽くて，持ちやすいドリル」が好まれるだろうと考えて商品開発し製造販売したのですが，期待したほどには売れませんでした．そこで，来店したお客様に，それとなしに，なぜ（why）ドリルがほしいのかと聞いた声を集めて，抽象の階段を作りました（図 1.11）．抽

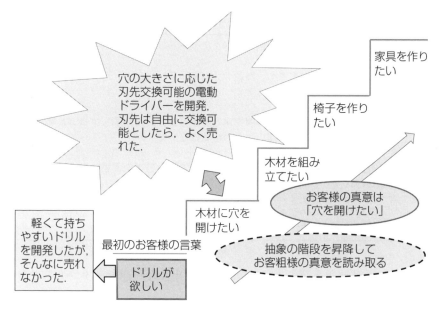

図 1.11 抽象の階段の活用で成功した事例

象の階段を昇ると,「木材に穴を開けたい」,「木材を組み立てたい」,「椅子を作りたい」,「家具を作りたい」となります. そこから, お客様の真意は「材料に必要都度の大きさの穴が開けられる工具」が欲しいのだと読み取り, 穴の大きさに応じた刃先が自由に交換できる電動ドライバーを開発したところ, 非常によく売れました.

3) 言語情報を言語データ化する

　言語情報を言語データ化するには, 言語情報は, 皆が理解できる言語表現になっているかを確認します. すなわち, **皆が使う言語で表現できて**いて, 特殊な言語がないかを見ます. 特殊な言語があれば, 皆が使う言語に置き換えます. その言語情報から読み取れる内容について, 1つずつ取り出して, 皆の理解を得て言語データ化します.

　表 1.5 は, 患者と医者との会話で, 一般的な言語データの例を示して

表 1.5　医者と患者の言語データの例

```
　お腹が痛いので，昼前に町の内科へ行きました．
看護師：どうされました？
患　者：昨晩からお腹が痛くて，今朝も 3 回トイレに行きました．
看護師：体温を測ってください．
患　者：…37.0 度です．
医　者：ベッドに横になって，お腹を出して下さい．…腸が少しゴロゴロ鳴って
　　　　いますね．他に頭が痛いなどの症状はないですか？
患　者：他にはありません．
医　者：微熱があるので，今流行のウイルス性の軽い腸炎かと思います．
患　者：物は食べてもよいですか？
医　者：食べないほうがよいのですが，食べられるのなら，お粥やうどんなどの
　　　　消化のよいものにしてください．薬を出しますので，3 日間服用すれば
　　　　治ると思います．
```

います．意思疎通を図るのには，よく使う**平易な言語データ**であること
です．

　例えば，新型コロナウイルス対策で一時的に対面販売を止めていた業
者に対して，総理が「従業員が困らないための生活支援を早急に行いま
す」と言ったとすると，総理が支援する思いがあることは伝わります
が，具体的な支援内容はわかりません．いつまでに，どこで，どの業種
の従業員に，どのような手段で，何を支援するのかを示さなければなり
ません．有用な言語データとするには，**具体的に 5W1H を示した言語
データ**にすることです．曖昧で具体性の欠く言語データは役立ちませ
ん．

　日本語は表意文字である漢字を使うため，文字の形にも意味があり，
そして，主体的でない間接表現が多く，遠回しで曖昧な言い回しが多い
です．発言者に対して，しっかりとその真意を確かめるなどして，役立
つ言語データに改めることが大切です．**形容詞や副詞は極力使わない
か**，使っても具体的な表現に心がけます．

　次に，言語データ化のための留意点を示します．

① 言語データは，（主語＋述語）または（名詞＋動詞）の短い文（センテンス）で表現する

② 体言止めについては，具体的に何を言っているのかを確認し，体言止めを避けて動詞で結論がわかるようにする．

例：従業員の教育不足
　　⇒どのような従業員の，どういう職務の，何（どのような知識・能力）が不足しているのかを明らかにする．
　　⇒新入社員のA製品の色差識別力が不足している．

③ 1枚の言語データには2つ以上の事象，意味は記述しないようにする．

例：A製品の圧縮強度と日光堅牢度を向上させる
　　⇒「圧縮強度」と「日光堅牢度」とは別の言語データとする

④ 具体的な表現に努める．

例：A工程を合理化する
　　⇒製造速度を1.5倍にする，稼働人数を2人減らす，仕掛時間を30分短縮する，など，何をどうするのかを明確にする．

⑤ 極力，自責の表現をするよう心がける．

他責であると，問題解決の糸口が得られにくくなる．

例：海外向けB製品は，円高で赤字である
　　⇒B製品のコスト計画に甘さがあった⇒B製品の材料調達は国産からベトナム産に切り替えておくべきだった，となる．

4) 言語情報や言語データの定型化と構造化

　言語情報や言語データには，お客様との商談記録やメールのやりとりの内容，アンケートの結果，新聞・雑誌，Twitter・FacebookをはじめとしたSNSなどのWeb上のデータなど，数多くの情報源があります．これらから，ある目的に必要な言語情報や言語データ群を取り出して，調べたい項目を決めて，その項目による表形式あるいは配列形式に言語

情報や言語データをまとめると，いろいろなことがわかってきます．

　例えば，家電量販店 E では，店の改善を積極的に推進するために，お客様の声を投書箱や SNS などで集めています．その内容が，**図 1.12** の上部に示したように，「先日，電子レンジを買ったのですが，余分な機能が多くてわかりにくいです．もっと簡単なものを売ってほしい．また他店よりも高かったです．（70 歳の男性）」や「ドライヤーを買いに来ましたが，場所がわかりにくく，店員さんに聞こうとしましたが，近くにおられず困りました．商品展示をわかりやすくしてください（主婦）」などの投書があったとします，

　その内容を，店側の「商品群」，「商品自体」，「取扱説明書」，「価格」，「レイアウト」，「店員対応」などの項目と，お客様側の「性別」，「年代」，「職業」などの項目とを設けて，図 1.12 のような表形式にして項目ごとに読み取れる言語を入れます．同じ内容を意味していると思われる言語は，同じ言語に統一します．例えば「余分な機能が多い」や「使わない機能がある」などは「余分な機能が多い」に統一します．そして，項目で読み取れなかった箇所は，色付けするなど空白であることがわかるようにしておきます．このような表形式にした言語データを，**定型化された言語データ群**と呼びます．

　表の行数が多くなると，お客様の声として，各項目ごとの集計結果や項目間のクロス集計結果などから，今後の店づくりやネット販売のホームページの作成のための方策を読み取ることができます．簡単に集計する方法は，Excel の**ピボット分析**を活用するのがよく，後で解説します．ただ，ピボット分析に適用できるようにするには，セルの空白を埋める必要があります．例えば，無回答なら「無回答」とするか，クロス集計で他の項目から「関連が強い言語」が推定できれば，その言語を入力します．どうしても不明の場合には「不明」と入れて，セルの空白を残さないようにします．この空白を埋めた表形式の言語データ群を**構造化さ**

1章

ビッグデータをアフターコロナの営業・サービス活動に役立てる

[例：家電量販店Eへの投書（お客様の声）]
●先日、電子レンジを買ったのですが、余分な機能が多くてわかりにくいです。もっと簡単なものを売ってほしい。また他店よりも高かったです。（70歳の男性）
●ドライヤーを買いに来ましたが、場所がわかりにくく、店員さんに聞こうとしましたが、近くにおられず困りました。商品展示をわかりやすくしてください。（主婦）　…など

定型化

対象の文章を、対象の特徴を示す項目ごとに分け、表形式あるいは配列形式にまとめた言語データを、定型化された言語データ群と呼ぶ。

商品群	商品自体	取扱説明書	価格	レイアウト	店員対応	性別	年代	職業
電子レンジ	余分な機能が多い	わかりにくい	高い			男性	70代	主婦
ドライヤー				わかりにくい	近くにいない	女性		主婦
パソコン	欲しいものがない			わかりにくい		男性	40代	会社員
パソコン		字が小さい	値引きが少ない		わかりにくい			
電子レンジ	品揃え少ない		交渉面倒		知識乏しい	男性	20代	会社員
ドライヤー		わかりにくい	高い	違っていた	わかりにくい	女性		主婦

構造化

商品群	商品自体	取扱説明書	価格	レイアウト	店員対応	性別	年代	職業
電子レンジ	余分な機能が多い	わかりにくい	高い	無回答	無回答	男性	70代	不明
ドライヤー	無回答	無回答	無回答	わかりにくい	近くにいない	女性	不明	主婦
パソコン	欲しいものがない	無回答	無回答	わかりにくい	無回答	男性	40代	会社員
パソコン	無回答	字が小さい	値引きが少ない	無回答	わかりにくい	不明	不明	不明
電子レンジ	品揃え少ない	無回答	交渉面倒	無回答	知識乏しい	男性	20代	会社員
ドライヤー	無回答	わかりにくい	高い	違っていた	わかりにくい	女性	不明	主婦

図 1.12　言語情報や言語データを構造化

れた言語データ群と呼びます.

5) 言語データ解析法の全体像

　言語データを定型化し,構造化すると,**図 1.13** に示すように,テキストデータ解析としては,ピボット分析をはじめ,形態素解析,構文解析,ネットワーク構造解析,アソシエーション分析,決定木分析などがあります.

　一方,集めた言語データは,いろいろなことを語っており,そのまま活かした方が好ましいと考えた場合には,定型化も構造化もしない言語データを扱う新 QC 七つ道具(N7)を活用します.新 QC 七つ道具には,①親和図法,②連関図法,③系統図法,④ PDPC 法,⑤マトリックス図法,⑥マトリックス・データ解析法,⑦アローダイアグラム法の7つの手法がありますが,⑥マトリックスデータ解析法,⑦アローダイアグラム法は数値データを扱います.

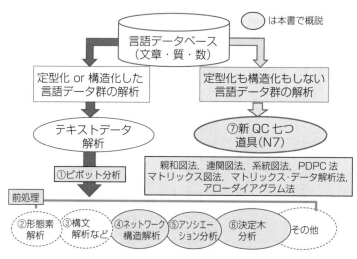

図 1.13　言語データ解析法の全体像

ビッグデータをアフターコロナの営業・サービス活動に役立てる

■1.5　言語データ解析手法

（1）　①ピボット分析

Excelによるピボット分析の活用法を解説します．今，カード会員のお客様による，ある商品群の購入履歴が，**表1.6**のような構造化された表形式で得られたとします．

お客様の商品の購入傾向を把握するためには，商品の購入数が数えられなければなりません．したがって，必ず表の最後の列に購入度数として「頻度1」の列を作ります．表1.6のように，構造化データが整えば，**図1.14**に示すピボット分析の準備をします．

ピボット分析を進めるには，図1.14に示すように，①「挿入」タブ→②「ピボットグラフ」→③「ピボットグラフとテーブル」を選択して，商品の購入傾向分析ができるように準備をします．

そして，④タイトルに空白がないか，⑤購入数を数えるための頻度の列があるか，⑥全データに空白がないかを確認して，問題がなければ，③の箇所「ピボットグラフとピボットテーブル」をクリックします．すると，**図1.15**のようなダイアログボックスが表れます．

ダイアログボックスのテーブル範囲には，データの入っているセル範囲であるA1からH36のセルを選択して入れます．出力先は，新規ワークシートのほうが見やすいので新規とします．表示されているデータ範囲が正しければ，OKボタンをクリックします．すると，**図1.16**のようなピボットグラフとテーブルが表示されます．

Excel 2010から2019までの表示の変化は少ないので，以降の出力は2010の出力で示します．図1.16は，商品の購入数に相当する「頻度」をΣの値にドラッグして入れ，知りたい「商品Xタイプ」の売行きを軸(項目)フィールドに，性別による売行きの違いを見るために，「性別」を凡例に入れて結果を見ました．これより，商品XタイプではAは男

表1.6　カード会員によるある商品群の購入履歴

氏名	年代	性別	商品Xタイプ	商品Yタイプ	購入地区	購入時	頻度
木村太郎	50代	男性	A	P	京都	1カ月前	1
野口洋	40代	男性	A	P, Q	神戸	1カ月前	1
中村幸子	30代	女性	B	Q	大阪	1カ月前	1
佐藤栄作	20代	男性	A	Q	大阪	1カ月前	1
大石春香	40代	女性	B	未購入	大阪	12カ月前	1
山田桃子	30代	女性	A	P	大阪	1カ月前	1
吉田良子	20代	女性	B	未購入	大阪	1カ月前	1
上田　花	10代	女性	A	P	大阪	1カ月前	1
長島馨	30代	女性	B	Q	神戸	2カ月前	1
本岡太郎	60代	男性	B	P	京都	3カ月前	1
原田奈々	50代	女性	B	Q	大阪	4カ月前	1
里野源	40代	男性	A	P, Q	大阪	5カ月前	1
橋本徹	40代	男性	B	Q	神戸	6カ月前	1
舟木和代	20代	女性	A	P	大阪	7カ月前	1
清水博子	20代	女性	A	P	神戸	8カ月前	1
大川三郎	40代	男性	B	Q	大阪	1カ月前	1
森脇健子	20代	女性	B	未購入	大阪	2カ月前	1
島崎藤村	10代	男性	B	P	大阪	3カ月前	1
武田亘	50代	男性	A	Q	大阪	4カ月前	1
鈴木啓二	30代	男性	A	P, Q	大阪	5カ月前	1
山田太郎	40代	男性	A	P	京都	6カ月前	1
大槻茂	40代	男性	B	Q	大阪	7カ月前	1
霧島和歌	40代	女性	A	P	神戸	8カ月前	1
吉田里香	30代	女性	B	Q	大阪	9カ月前	1
桑原絵里	30代	女性	B	未購入	大阪	10カ月前	1
森下重雄	20代	男性	B	P	大阪	11カ月前	1
松上博司	40代	男性	A	P, Q	大阪	12カ月前	1
小林弘子	20代	女性	B	Q	神戸	1カ月前	1
大浦美津	20代	女性	B	Q	神戸	2カ月前	1
大善二郎	40代	男性	A	P	大阪	3カ月前	1
柊一樹	20代	男性	A	P	京都	4カ月前	1
松下美優	20代	女性	B	未購入	大阪	5カ月前	1
松坂恵子	40代	女性	B	Q	大阪	6カ月前	1
三浦ゆかり	20代	女性	A	P	神戸	7カ月前	1
津田百合	20代	女性	B	Q	大阪	8カ月前	1

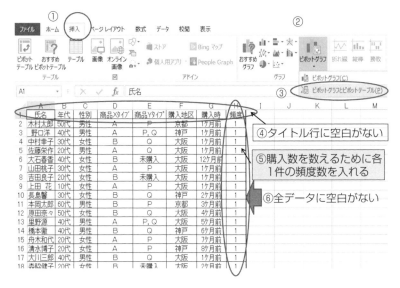

④タイトル行に空白がない

⑤購入数を数えるために各1件の頻度数を入れる

⑥全データに空白がない

図 1.14　ピボットグラフとテーブルを挿入する

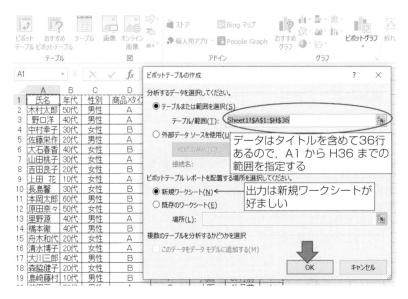

データはタイトルを含めて36行あるので，A1 から H36 までの範囲を指定する

出力は新規ワークシートが好ましい

図 1.15　ダイアログボックスの表示とデータ範囲の指定

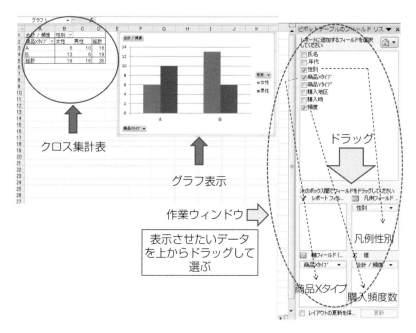

図 1.16　表やグラフにしたい項目をドラッグとドロップ

性に好まれ，Ｂは女性に好まれることが一目でわかります．

1)　商品の販売分析例

　表 1.6 のデータ表から，ピボット分析により商品の購入傾向分析を実施した結果をいくつか解説します．

　軸(項目)に「商品 Y タイプ」を入れ，性別による購入傾向の違いを見たのが**図 1.17** です．「商品 Y タイプ」は，男性は必ず P か Q，あるいは両方を購入しています．女性にはいずれも購入しない未購入者がいて，P と Q の両方を購入する人はいません．

　軸(項目)に再び「商品 X タイプ」と「地区別」を入れ，地区別に，性別のおける販売の違いを見たのが，**図 1.18** です．図 1.18 より，「商品 X タイプ」は大阪でよく売れており，A は大阪の男性に好まれ，B は大

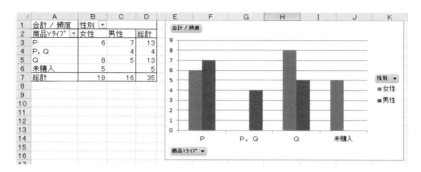

図 1.17　「商品 Y タイプ」の性別による好みの違い

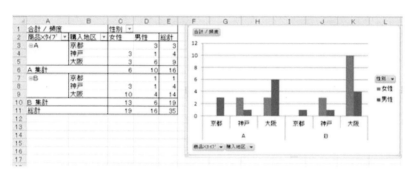

図 1.18　「商品 X タイプ」の地区別・性別の販売の違い

　阪の女性に好まれていることがわかります．このように，ピボット分析により，項目を自由に組み合わせて，いろいろな商品の購入傾向が探れます．

　「商品 X タイプ」と「商品 Y タイプ」との関連を見たのが**図 1.19** です．

　「商品 X タイプ」のＡと「商品 Y タイプ」のＰとは同時に購入され，「商品 X タイプ」のＢと「商品 Y タイプ」のＱとは同時に購入されることが多いことがわかります．

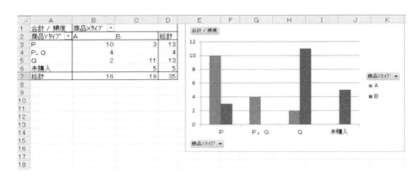

図 1.19　「商品 X タイプ」と「商品 Y タイプ」との関連

2)　お客様の声の分析

　家電量販店などでは，「お客様の声」の投書箱や SNS などの投稿により，お客様の意向などを集めたりしています．この投書の内容が**表 1.7**のような構造化された言語データで，必ず投書件数がわかるように，最後の列に頻度数を設けた表にしておきます．

　この表をもとに，**図 1.20** のようにピボット分析を実行すると，お客様の不満や要望がわかり，今後の売上増のための店の改善策が見えてきます．

　ピボット分析の結果をいくつか示します．

　商品自体を軸項目に，凡例には性別を入れた結果が**図 1.21** です．図 1.21 からは，女性は商品に「余分な機能が多い」という意見が多く，男性は「ほしいものがない」という意見が比較的見られます．商品仕入れの際には，これらの意見を参考にするとよいでしょう．

　図 1.22 は軸項目に年代別と価格を入れ，凡例に性別を入れた結果です．図 1.22 から，価格については，全体的に「他店より高い」という意見があり，特に女性客に多く見られます．若い 20 代〜 30 代の男性客は，「値引き交渉が面倒」という意見が見られます．表示価格と値引き幅との調整を標準化して，顧客に応じた最初の価格の表示の仕方に工夫

1章

ビッグデータをアフターコロナの営業・サービス活動に役立てる

表 1.7　家電量販店におけるお客様の声のデータ表

顧客No.	性別	年代	商品自体	商品概況	価格	表示	レイアウト	店員対応	アフターサービス	その他	頻度
1	男性	60代以上	余分な機能が多い	わかりにくい	高い	無回答	無回答	無回答	無回答	ポイント還元少ない	1
2	女性	40〜50代	無回答	わかりにくい	無回答	違いがわかりにくい	場所がわかりにくい	近くにいない	無回答	無回答	1
3	男性	40〜50代	欲しいものがない	わかりにくい	無回答	無回答	場所がわかりにくい	わかりにくい	無回答	無回答	1
4	男性	60代以上	無回答	字が小さい	値引きが少ない	無回答	無回答	わかりにくい	無回答	新品を買わせようとする	1
5	男性	20〜30代	品揃え少ない	無回答	値引き交渉面倒	無回答	場所が違っていた	知識乏しい	無回答	無回答	1
6	女性	60代以上	無回答	わかりにくい	値引き交渉面倒	見にくい	場所が狭い	わかりにくい	無回答	無回答	1
7	女性	60代以上	余分な機能が多い	字が小さい	高い	無回答	場所がわかりにくい	近くにいない	悪い	無回答	1
8	女性	60代以上	無回答	無回答	高い	無回答	場所がわかりにくい	わかりにくい	悪い	新品を買わせようとする	1
9	女性	60代以上	取扱いにくい	字が小さい	高い	見にくい	無回答	わかりにくい	無回答	無回答	1
10	男性	60代以上	故障が早い	わかりにくい	高い	見にくい	場所がわかりにくい	近くにいない	修繕に手間取る	新品を買わせようとする	1
11	女性	20〜30代	欲しいものがない	わかりにくい	値引き交渉面倒	違いがわかりにくい	場所がわかりにくい	無回答	無回答	無回答	1
12	女性	40〜50代	無回答	無回答	値引き交渉面倒	違いがわかりにくい	無回答	近くにいない	無回答	無回答	1
13	男性	40〜50代	無回答	無回答	無回答	無回答	無回答	すぐに来る	無回答	ゆっくり見られない	1
14	女性	60代以上	余分な機能が多い	わかりにくい	高い	違いがわかりにくい	場所が違っていた	無回答	無回答	無回答	1
15	男性	20〜30代	品揃え少ない	多すぎる	値引き交渉面倒	無回答	場所が狭い	知識乏しい	保険勧誘様	ポイント還元少ない	1
16	男性	20〜30代	欲しいものがない	多すぎる	値引き交渉面倒	見にくい	場所が狭い	知識乏しい	保険勧誘様	無回答	1
17	女性	40〜50代	余分な機能が多い	多すぎる	値引き交渉面倒	無回答	無回答	すぐに来る	無回答	ゆっくり見られない	1
18	女性	40〜50代	余分な機能が多い	字が小さい	無回答	見にくい	場所がわかりにくい	無回答	悪い	ポイント還元少ない	1
19	男性	40〜50代	無回答	無回答	高い	違いがわかりにくい	場所がわかりにくい	近くにいない	保険勧誘様	ポイント還元少ない	1
20	女性	40〜50代	品揃え少ない	わかりにくい	高い	違いがわかりにくい	場所がわかりにくい	すぐに来る	保険勧誘様	ポイント還元少ない	1
21	女性	40〜50代	欲しいものがない	多すぎる	値引き交渉面倒	違いがわかりにくい	場所が違っていた	無回答	修繕に手間取る	新品を買わせようとする	1
22	男性	20〜30代	無回答	無回答	高い	無回答	場所が狭い	無回答	保険勧誘様	ポイント還元少ない	1
23	男性	40〜50代	故障が早い	わかりにくい	高い	見にくい	場所がわかりにくい	知識乏しい	修繕に手間取る	修繕代高い	1
24	男性	20〜30代	欲しいものがない	無回答	値引き交渉面倒	無回答	場所がわかりにくい	知識乏しい	修繕に手間取る	無回答	1
25	女性	60代以上	余分な機能が多い	わかりにくい	高い	違いがわかりにくい	場所がわかりにくい	わかりにくい	悪い	新品を買わせようとする	1

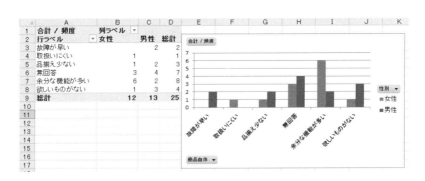

顧客NO	性別	年代	商品自体	商品取説	価格	表示	レイアウト	店員対応	アフターサービス	その他	頻度
1	男性	60代以上	余分な機能が多い	わかりにくい	高い	無回答	無回答	無回答	無回答	ポイント還元少ない	1
2	女性	40～50代	無回答	わかりにくい	無回答	違いがわかりにくい	場所がわかり	近くにいない	無回答	無回答	1
3	男性	40～50代	欲しいものがない	無回答	無回答	無回答	場所がわかり	無回答	無回答	無回答	1
4	男性	60代以上	無回答	字が小さい	値引き少ない	無回答	無回答	わかりにくい	無回答	新品を買わせようとする	1
5	男性	20～30代	品揃え少ない	無回答	値引き交渉面倒	無回答	無回答	知識乏しい	無回答		1
6	女性	60代以上	無回答	わかりにくい	値引き交渉面倒	見にくい	場所が違っていた	わかりにくい	無回答	無回答	1
7	女性	60代以上	余分な機能が多い	字が小さい	高い	見にくい	場所がわかりにくい	近くにいない	無回答	無回答	1
8	女性	60代以上	無回答	無回答	高い	無回答	場所がわかりにくい	わかりにくい	悪い	新品を買わせようとする	1
9	女性	60代以上	取扱いにくい	字が小さい	高い	見にくい	場所がわかりにくい	わかりにくい	無回答		1
10	男性	60代以上	故障が早い	わかりにくい	高い	無回答	無回答	近くにいない	修繕に手間取る	新品を買わせようとする	1

図1.20 表1.7のデータについてピボット分析

合計 / 頻度	列ラベル		
行ラベル	女性	男性	総計
故障が早い		2	2
取扱いにくい	1		1
品揃え少ない	1	2	3
無回答	3	4	7
余分な機能が多い	6	2	8
欲しいものがない	1	3	4
総計	12	13	25

図1.21 商品自体に対する不満と要望

を考えることが大切です.

　軸項目に店員の対応を入れて,凡例に性別を入れた結果が**図1.23**です.図1.23からは,店員の対応については,女性客は「わかりにくい」,男性客は「知識が乏しい」という意見が多いことがわかります.このことより,店員の商品知識教育や,顧客に対する説明の仕方の教育

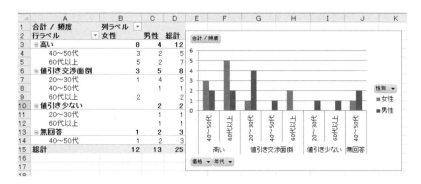

図 1.22　年代別・性別による価格についての不満・要望

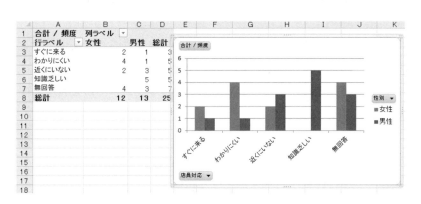

図 1.23　性別による店員の対応についての不満・要望

を検討することが必要です.

　ほんの一例だけを示しましたが，ピボット分析を行うと，いろいろと分析が可能で，商品の品揃えの工夫，価格設定と値引きの取決めや，店員教育のあり方などの検討課題が明確になります.

　Excel 2010 以降においては，Excel の行数は約 100 万行，項目を入れる列数は 16000 列まで入力できます. そして，ピボット分析では，行数は約 100 万行すべてが使用可能ですが，列数は 256 までと制限されま

す．しかし，これだけのデータ量が扱えるので，かなりの解析が可能です，ぜひ，言語データを集めて，構造化した配列にして，ピボット分析を利用するとよいでしょう．

（2）　②形態素解析と③構文解析

　ヒトが日常的に使っている自然言語をコンピュータに数的処理させる一連の技術を，自然言語処理といいます．工学的側面が強く，主に統計や確率による処理が中心です．一方，文法などの意味合いといった言語学的な側面からコンピュータに自然言語を理解させていく技術を，自然言語理解といいます．しかし，いずれもコンピュータが相手ですから，数学的なアプローチ方法でないといずれの研究も進みませんので，この研究の両面の境界は曖昧となっています．

　自然言語理解の手法には，形態素解析や構文解析，文脈解析，意味解析などがあります．

　意味をもつ最小の文字列の単位を**形態素**(morpheme)といい，**形態素解析**(morphological analysis)は，言語データを単語ごとに分割し，品詞情報などを付け加える作業のことをいいます．

　例えば，「私は書斎でテレワークします」という言葉を形態要素解析すると，次のようになります．

　「私(代名詞)／は(副助詞)／書斎(名詞)／で(助詞)／テレワーク(名詞)／し(動詞)／ます(助動詞)」

　Google などの検索エンジンでは形態素解析が用いられており，例えば「神戸でランチをする」という検索ワードは，「神戸／で／ランチ／を／する」と分割され，検索に必要でない助詞の「で」や「を」を省き，動詞の「する」は残し，「神戸／ランチ／する」という形で検索され，神戸市内のランチに最適な場所を案内します．このように，形態素解析を活用して，検索の精度を上げ，データ処理量を少なくした対応が

できます.

　構文解析(syntactic analysis or parse)は，無限にある形態素(単語)の組合せとその関連から，無限に存在する文法的に成り立つ単語の並びを，統語論的(構文論的)または相互の制約関係から図式化して決定する手続きのことです．翻訳の文章作成などに応用されます．ピボット分析などで，お客様の要望などが多岐にわたる場合には，言語の項目を多く設定して，文法上の関連度合いから言語の組合せを考えたクロス集計などから，お客様の新しい要望内容を考えることなどが可能です.

(3)　④ネットワーク構造分析と「共感」

　ネットワーク構造解析(network structure analysis)は，お客様関係の構造を解析するアプローチ法です．Twitter などでは「フォロワー」間の関係がこれに相当します．すなわち，「フォロワー」を多く抱えるお客様は，投稿されたツイートを多くのお客様に伝搬するので，「フォロワー」数自体が伝搬力となります．そして，どのようなお客様がどのような他のお客様をフォローしているかの関係もわかるので，お客様間の関係を相関マップで表したりします.

　例えば，ある家電メーカーが，家庭生活の家事について「家事で苦痛に思うものは何か」，「家事代行サービスを使うとしたら何か」，「夫婦で押し付け合いになる家事は何か」などの多岐にわたるアンケート調査を実施しました[24]．その結果，夫婦で押し付け合いする家事は，**図1.24**のように「食器洗い」が1番多いことがわかりました．このアンケート結果をネット上に投稿して，消費者に「そう思いますか」と尋ね，この投稿には，どれくらいの「共感」者がいるか，「いいね！」と共感する消費者の反応率を測りました．すると，**図1.25**のイメージ図のように，「いいね！」とする共感者が8割近く現れたので，この夫婦間の問題解決には「食洗機」が役立つとしました．従来は「食洗機」は「贅沢

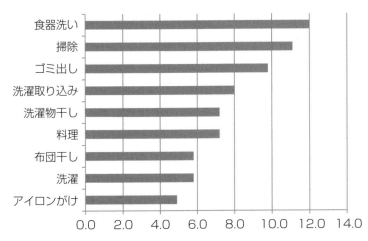

図 1.24　夫婦で押し付け合いになる代表的な家事の割合（%）

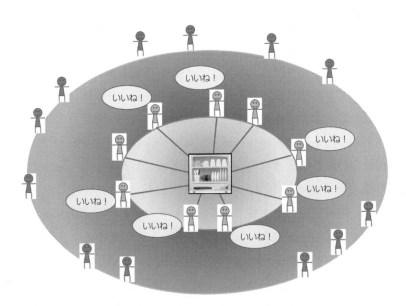

図 1.25　投稿に対して「いいね！」と共感した消費者の反応イメージ[24]

家電」とされていましたが,「食の安全を守る道具」,「食事を美味しくする道具」,「食事を楽しくする道具」のコンセプトに仕立て上げて「幸せ家電」としました.そして,「食洗機」を販売した結果,前年対比＋22%の販売拡販となりました.「共感」が多かった消費者層は,若い共働き夫婦が多いことがわかりました.

B to B 企業においても,このように SNS を通じてお客様とのコミュニケーションをとることは,自社のファンづくりに非常に役立ちます.SNS を介したお客様との関係づくりは,いまや企業にとっては欠かせなくなっています.ただ,ちょっとしたキッカケで,自社にとってのネガティブな情報や噂が流れて,これまでに築いたお客様との関係がまずくなる場合もあります.最悪の場合には,悪影響の範囲が拡散して炎上する恐れも出てきますので,SNS の運用は,しっかりとした企業理念の下で,よく検討して取り組むことが必要です.

(4) ⑤アソシエーション分析

アソシエーション分析は,マーケティング分野では,**マーケットバスケットアナリシス**(market basket analysis)[25)26)]とも呼ばれています.

アソシエーション(相関)は,特定のお客様が買う商品間同士の関連を測ることをいいます.マーケットバスケットアナリシスの呼び名は,お客様が食料品店などでショッピングカート(Market basket)に一緒に入れた商品群のことを意味することから来ています.例えば,書籍 A を買った人は後に書籍 B を買うことが多い,紙おむつを買う人は缶ビールのケースを買う人が多い,などです.

商品間の関連度合いを測る尺度としては,**相関ルール**[25)26)]を用います.相関ルールは,全データを取り扱うモデルの概念ではなく,データセットの部分集合,例えば,変数の部分集合やサンプルの部分集合に注目します.その部分集合の頻出集合を見出す計算アルゴリズムには,ア

プリオリ法 [25)26)] という手法があります.

　図 1.26 は，アソシエーション分析のイメージを示しています. 図 1.26 の左側にある数字を商品とし，A ～ F の 6 人のお客様が，商品である数字の品物 1 ～ 9 を選択して購買したとします. そのとき，お客様の半分（今回は 3 人）以上が同時に買った商品群を考えます. トランザクションは同時に購入した商品群数を示します.

　トランザクション 1 は半分以上のお客様が買った 1 つの商品群で，該当商品は 1，2，7，9 です. トランザクション 2 は，半分以上のお客様が 2 つ同時に買った商品群で，{1, 7}，{1, 9}，{2, 7}，{2, 9} の商品群の組合せが該当します. 半分以上のお客様が 3 つを同時に買った場合は，トランザクション 3 で，該当する商品群の組合せは {2, 7, 9} となります.

　このように，多くのお客様が同時に購入する商品群を探り，スーパー

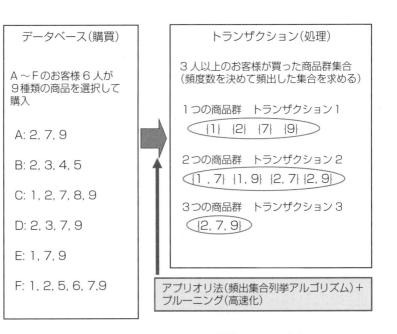

図 1.26　アソシエーション分析のイメージ図

やコンビニでは，これらの商品を近くに並べて陳列し，欠品のないように仕入れて販売します．ネット通販では，並べて表示します．以前，米国で，紙おむつと缶ビールケースとが同時に売れるとし，その品揃えをすれば売上増になった，と伝えられていましたが，真実ではなく，この手法のわかりやすいたとえ話だったようです．

(5)　⑥決定木分析

決定木分析(tree analysis)[27]とは，ある特定商品を購入した確率の高い消費者属性の親ノードから子ノードへたどり，その属性条件を調べていくことにより，購入クラスの集団が，どのような属性なのかを決定する手法です．

ノードとは，属性条件によって指定された節(属性)のことを指します．一度決定木が生成されると，新しいお客様に対してもこの決定木を用いて，類似製品の購入可能性を予測することができます．図 1.27 は決定木分析のイメージ図を示しています．カード会社の大量の消費者(お客様)データベースから，そのカードで自社の高級ワインを購入したお客様の属性条件を判定し決定するために，収入という親ノードの属性から，職種の子ノードの属性へと分岐し，さらに，高級ワインの購入の比率の高い属性の組合せを探索します．非購入者でも，孫ノードの属性を検討して，確率の分母にあたる対象顧客数が減っても，再び高級ワインの購入比率が高くなるような分子の属性を見出していくのに用います．

次に，言語データを構造化しないで，そのままの形で，言語データのもつ意味合いなどを多面的に考えて，問題の発見や，その解決のヒントを得るのには，新 QC 七つ道具が最適です．

職種	性別	年代	出身地	趣味	購入歴
会社員	男	40	東京	ゴルフ	未購入
会社員	男	30	千葉	ゴルフ	購入済
会社員	男	20	埼玉	テニス	購入済
会社員	男	30	東京	ゴルフ	未購入
会社員	女	20	東京	手芸	未購入
会社員	女	40	千葉	ゴルフ	購入済
医者	男	40	東京	ゴルフ	購入済
医者	男	30	埼玉	ゴルフ	購入済
医者	男	20	東京	テニス	購入済
医者	男	30	千葉	水泳	購入済
自営業	女	30	東京	無	未購入
自営業	男	30	東京	ゴルフ	購入済
自営業	男	40	東京	ゴルフ	購入済
自営業	女	20	神奈川	映画	未購入
自営業	女	20	東京	ゴルフ	購入済

消費者(お客様)データベース

※購入歴は過去に高級ワインを買ったかどうか

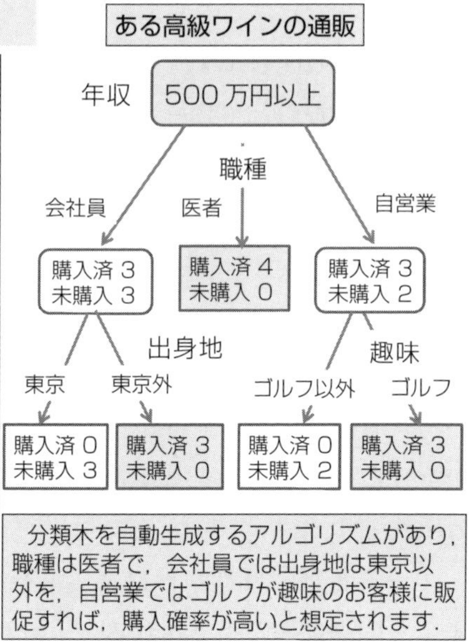

ある高級ワインの通販

年収　500 万円以上

職種

会社員　医者　自営業

購入済 3 未購入 3　購入済 4 未購入 0　購入済 3 未購入 2

出身地　趣味

東京　東京外　ゴルフ以外　ゴルフ

購入済 0 未購入 3　購入済 3 未購入 0　購入済 0 未購入 2　購入済 3 未購入 0

分類木を自動生成するアルゴリズムがあり，職種は医者で，会社員では出身地は東京以外を，自営業ではゴルフが趣味のお客様に販促すれば，購入確率が高いと想定されます．

図 1.27　決定木分析のイメージ図

(6)　⑦新 QC 七つ道具 [28)29)]

　新 QC 七つ道具は New 7 tools for QC(management) と英訳され，N7 と呼びます．主に数値データを扱う QC 七つ道具(Q7)に対して，N7 は主に言語データを扱います．

　N7 は，1978 年に一般財団法人日本科学技術連盟が当時大阪電気通信大学の教授であった納谷嘉信博士(1927 〜 2009)を部会長として発足した，新 QC 七つ道具研究会の約 5 年間の研究成果から生まれました．各手法は，多くの企業で実践・研究されており，その有効性がすでに立証されています [30)]．

　営業・サービスや管理者・スタッフの方々は，直面する問題について，一般に数値データよりも言語データを多くもっています．N7 は，

深い経験知に裏づけられた言語データを整理するために，すべての手法が，**図1.28**で示すように図形表示の工夫がなされています．図形なので，関係者間の情報共有が容易となり，発想も広がり，新たな問題発見や問題解決のヒントが生まれやすくなります．

　新QC七つ道具の7つの手法は，①混沌とした問題の構造を明らかにする親和図法，②問題の主原因を発見する連関図法，③解決手段を抜け落ちなく展開するための系統図法，④問題の要素間の関係を整理するマトリックス図法，⑤新規お客様獲得などの困難な課題の方策展開にPDPC法，⑥計画遂行の作業手順を確立するためのアローダイアグラム法，⑦多要因を見通しよく整理するためのマトリックス・データ解析法です．親和図法，連関図法，系統図法，マトリックス図法，PDPC法の5つの手法は言語データを扱いますが，残りの2つの手法，アローダイアグラム法，マトリックス・データ解析法は数値データを扱います．

　連関図法，系統図法，PDPC法，マトリックス図法は，第2章で活用

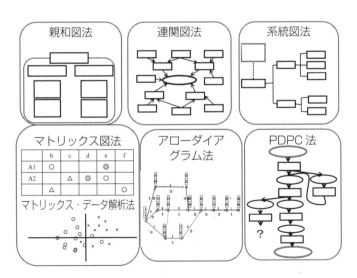

図 1.28　新 QC 七つ道具の各手法の図形表示

法を解説しますので，本章では概略のみ紹介します．

1) 親和図法

　親和図法は，未来・将来の問題，未知，未経験の分野の問題など，もやもやとしてはっきりしない問題について，事実事項，事実以外の意見事項を言語データとして集め，それらの相互の親和性（何となく似通っている）によって統合した親和図を作ることにより，解決すべき新しい問題の所在や構造を明らかにしていく手法です．職場のあるべき姿の追求や新商品企画などに活用されています．

　テーマ「魅力ある会社とは」を例にして，活用手順を解説します．

手順 1. テーマを決めて，それに関係する情報を集める

　「魅力ある会社とは」について，職場の皆から意見を集めました．

手順 2. 情報の内容を吟味して言語データ化しカードに書く

　皆からは，a1.「他社に比べて給料が高い」，a2.「ゆったりしたオフィススペースがある」，a3.「販売商品の知名度が高く，よく売れている」，a4.「同業他社から一目おかれている商品がある」，a5.「OA 機器を自由に活用出来る」，a6.「厚生施設が多い」などの言語データが出てきたので，各々を言語データカードにしました．

手順 3. カード寄せをして，親和カードを作成する

　出た言語データカードをそのまま見ているだけでは，問題の構造やあるべき姿が読み取れません．そこで，図 1.29 に示すように，各言語データは何を言おうとしているのか，親和性（なんとなく似通っている），すなわち真意が似ているもの同士を 2 〜 3 枚統合して束ねて 1 つの島とします．そして，統合したデータの意味を汲み取って，その表札をつけます．この表札を親和カードと呼びます．

　図 1.30 のように，カード 2 枚の親和性をマトリックス図で検討し，カード寄せをしてもよいでしょう．「魅力ある会社とは」について，例えば a1 と a6 が似ているとすると⇒「社員に対する処遇がよい」，a2 と

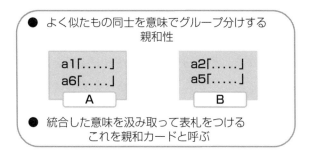

図1.29　カード寄せと親和カード作成への手順

[魅力ある会社とは] についての言語データ⇒親和性をマトリックス図などで整理して検討する

a1.「他社に比べて給料が高い」
a2.「ゆったりしたオフィススペースがある」
a3.「販売商品の知名度が高く，よく売れている」
a4.「同業他社から一目おかれている商品がある」
a5.「OA 機器を自由に活用出来る」
a6.「厚生施設が多い」

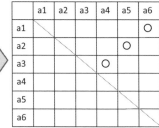

	a1	a2	a3	a4	a5	a6
a1						○
a2					○	
a3				○		
a4						
a5						
a6						

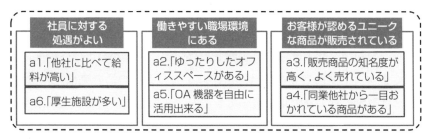

社員に対する処遇がよい	働きやすい職場環境にある	お客様が認めるユニークな商品が販売されている
a1.「他社に比べて給料が高い」	a2.「ゆったりしたオフィススペースがある」	a3.「販売商品の知名度が高く，よく売れている」
a6.「厚生施設が多い」	a5.「OA 機器を自由に活用出来る」	a4.「同業他社から一目おかれている商品がある」

図1.30　「魅力ある会社とは」の言語データカード寄せと親和カード作成

a5 が似ているのは⇒「働きやすい職場環境にある」，a3 と a4 が似ているのは⇒「お客様が認めるユニークな商品が販売されている」といえます．これらを親和カードにします．

　親和カードは，集まったデータカードの共通の真意を簡潔な文で表現

しますので，若干の抽象化は止むを得ませんが，極端な抽象化は避けるようにします．親和カードの文書化のポイントは，寄せたカードの内容を羅列するのではなく，それらのデータカードは何を言おうとしているのか，どんなイメージが浮かんだかで，それを素直に書きます．

　親和カードは，まずテーマ検討グループのリーダーが発案して書き，次に他のヒトの案も出して…，といくつか出します．その中から，メンバーの合意を得て決めるのがよいでしょう．

手順4. 手順3を繰り返す

　束ねた島が6つ以上あれば，さらにその島の親和カード間の親和性を検討して2つの島を統合して束ね，その上位の親和カードを作成します．

　そして，全体に束ねた島の数が5つ以下に落ち着けば統合を終了します．なお，今回のテーマ「魅力ある会社とは」は，島の数が3つと少ないので，この手順4は行いません．

手順5. 表札の親和カードで束ねた島を1枚の大きい模造紙などに配置して親和図を作成する

　手順3の作業では，下位のデータカードから上位の島を組み立てましたが，親和図を仕上げていく手順5では，逆に上位から下位への配置を考えます．上位間の並びでは，広がりをもつ意見の島の束は左に置き，右には事実に近い島の束を置いて配置します．配置が決まれば，束を広げて，データカードを広げます．納得のいく配置になれば，1枚の模造紙にデータカードを貼りつけます．配置のイメージは，図1.28の中の親和図法のような形です．

手順6. 出来上がった親和図から，みんなの討論の末に得られた知見を読み取り，結論を箇条書きに記す

　親和図の作成は，1人で検討してまとめた場合と，数人によるグループで，合意形成して親和図を作成した場合とでは，出来上がった親和図

は異なってきます．そこで，1人で作成した場合とグループで作成した場合の出来上がった親和図の比較[31]を，次に示す事例で解説します．

事例　新入社員教育のあるべき姿

　あるレトルト食品などを製造販売している企業 T 社の製造工場で，新入社員5名を採用しました．工場採用の5人に対して，5日間の新入社員教育を実施します．そこで，新入社員教育で教えるべき内容(カリキュラム)について関係者から言語データを集めたところ，22枚の言語データが集まりました(図 1.31)．この22枚の言語データを用いて，親和図法により，工場の新入社員教育のあるべき姿の構造を明らかにすることにしました．

　まず，22枚の言語データを，A～Dの4名がそれぞれ持ち帰って，1人で親和図を作成して，後日持ち寄りました．その結果，4名それぞれ

"自工程のお客様とは"を理解する	工場の組織役割について教える	T 社というものについて教える	書類の書き方のルールを知ってもらう
ヒヤリハットについて教える	工場の生活の注意点を教える	製造前の手洗いを徹底する方法を教える	前工程と後工程との関連を理解させる
設備の操作手順を理解する	重要な管理特性を理解する	作業マニュアルの内容を教える	原料の種類と入れる順番を理解する
電話の受け方・かけ方の基本を知ってもらう	業務上の書類の決裁までのルールを教える	身だしなみに気をつけさせる	災害の怖さを教える
お客様を大切にする気持ちをもたせる	食品技術の共通基礎を教える	休暇などの申請手続きのやり方を教える	経営方針を理解させる
朝出勤したら挨拶をすることを教える		品質クレームと今の品質課題を教える	

図 1.31　新入社員教育のあるべき姿に対する 22 枚の言語データ

が作成した親和図を，**図 1.32** に示します．言語データは共有なので，2枚の言語データのカード寄せは，半分程度は同じでした（●印の島が同じカード寄せ）．しかし，下位の島から上位の島へと親和性を構成していくと，個人により教育のねらいや内容の重点化に違いが出てきました．A 氏と B 氏は，親和図の形は異なりますが，ねらいを「品質管理教育にクローズアップ」した構図です．C 氏は「技の習得，心を鍛える」の構図で，異なっています．D 氏は，「仕事の動機づけ」を大切にすることに気づかせる構図です．

　このように，個々で親和図法を作成すると，その概念形成や訴える切口は大きく異なり，拡がりが大きくなります．知見や概念形成に広がりをもたせたい場合には，1 人による親和図作成がよいようです．

　次に，22 枚の同じ言語データを用いて，4 人編成の 4 班で，合意形成しながら，各班が親和図を作成しました．その 4 班の親和図が**図 1.33**です．言語データのカード寄せは，やはり半分は同じです（●印の島が同じカード寄せ）．やはり，各班の作成した親和図は，概念形成や訴える切り口に違いがありますが，**表 1.8** の各班の内容比較のように，1 人作成のときのような幅広い概念の形成はなく，グループ間での共通性が見られます．これは，親和図の作成過程で，グループ内の合意形成がなされるので，一般的に，どのグループも似たような概念形成の構図になります．したがって，グループによる親和図の作成は，概念形成の広がりよりも合意形成に力点があるといえます．

　以上をまとめると，親和図は，1 人作図やグループ（班）作図のいずれにおいてもアウトプットは異なってきて，それぞれのメリットとデメリットは，次のようにいえます．

　1 人作図は，その個人の考え方の特徴が構造に表れ，他の人が思いつかないような側面が見出せます．新しい切口を広く求めたい場合には，1 人作図がよいでしょう．その反面，独りよがりな面も表れます．

　グループ（多人数の班）作図は，関係者で議論するので，問題の本質が共有できます．そして，関係者のコンセンサスの下でテーマ解決が進められます．反面，その場の雰囲気で他の人のことを慮り過ぎて表層的になり，上滑りな親和図に陥ることも起こり得ます．

　親和図法によりテーマ解決を進めるのには，テーマに関係する原始情報の発掘・収集に努め，関係者で問題の本質は何かをよく**ブレーンストーミング**してから，言語データを30枚程度まで出します．

　ブレーンストーミングでの言語データの集め方について，筆者がよく使う**653法**を解説します．653法は，関係者が6人集まり，5分間黙って，各人が思った意見などを3つの言語データカードにします．この方法で，5分で3 × 6 = 18枚のカードが生まれます．出てきたすべてのカードの内容や重複を確認して，さらにもう5分黙って，3つのカードを出し合うと，計18 × 2 = 36枚の言語データが生まれます．653法なら，声が大きいヒトの影響は除かれ，関係者全員が平等にテーマ討議のスタート台につけます．

　カードは一応出尽くした，とリーダーが判断すれば，カード出しを中止し，各言語データカードの真意と事実関係を再確認してカードの書き直しを進めます．その結果，用いると決めた言語データを各人が持ち帰り，各人が1人で親和図を作成します．そして，各人が作成した親和図を持ち寄り，各人の考えをグループ内で交換してから，グループとしての親和図を作成して，結論をまとめていくと拡がりをもった概念形成がされるとともに，関係者の合意形成もなされます．

2) 連関図法

　活用法などは第2章で詳しく解説しますが，連関図法は，問題がいろいろな現象や原因が絡み合って発生している場合に，それらの現象や原因を，お互いの因果関係や関連性を考えて，矢線で結び付けることによって，重要な潜在的原因をつかんでいくための図法のことです．図

「新人教育カリキュラムのあるべき姿を追う」親和図　A氏

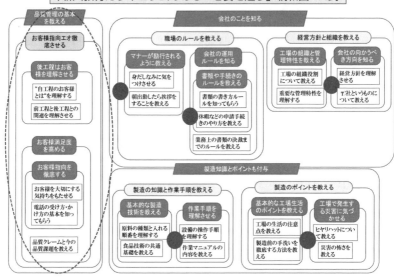

「新人教育カリキュラムのあるべき姿を追う」親和図　C氏

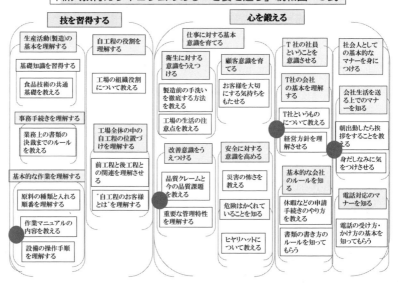

図 1.32　A～Dの各

ビッグデータをアフターコロナの営業・サービス活動に役立てる

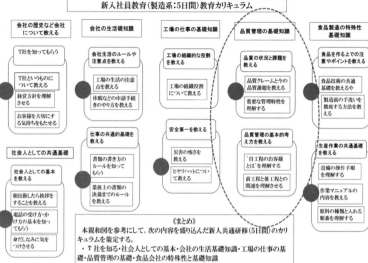

「新人教育カリキュラムのあるべき姿を追う」親和図　B氏

「新人教育カリキュラムのあるべき姿を追う」親和図　D氏

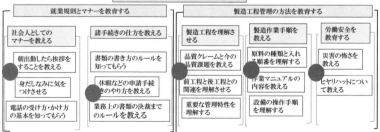

個人が作成した親和図

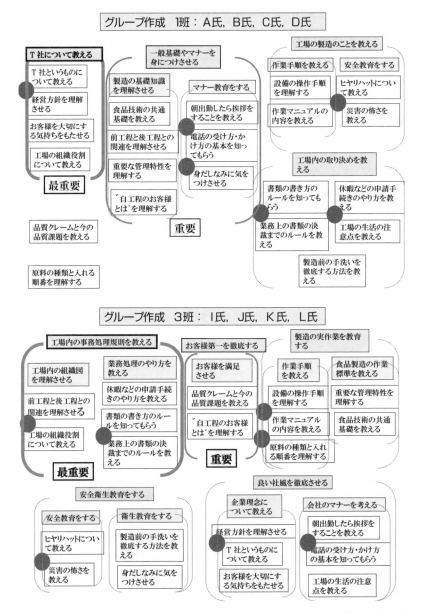

図 1.33　１班〜４班の4

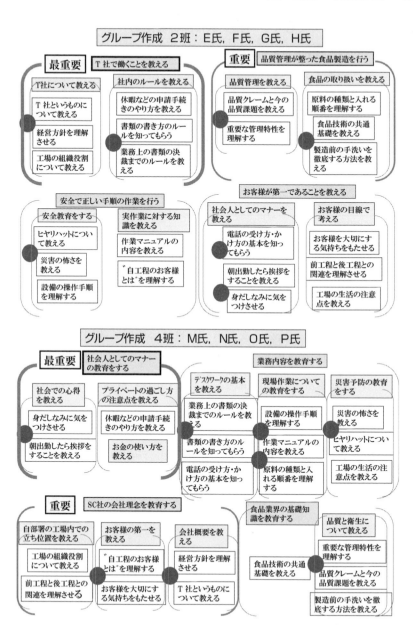

グループ作成 2班：E氏, F氏, G氏, H氏

最重要 | T社で働くことを教える

重要 | 品質管理が整った食品製造を行う

T社について教える / 社内のルールを教える

品質管理を教える / 食品の取り扱いを教える

- T社というものについて教える
- 経営方針を理解させる
- 工場の組織役割について教える

- 休暇などの申請手続きのやり方を教える
- 書類の書き方のルールを知ってもらう
- 業務上の書類の決裁までのルールを教える

- 品質クレームと今の品質課題を教える
- 重要な管理特性を理解する

- 原料の種類と入れる順番を理解する
- 食品技術の共通基礎を教える
- 製造前の手洗いを徹底する方法を教える

安全で正しい手順の作業を行う

お客様が第一であることを教える

安全教育をする / 実作業に対する知識を教える

社会人としてのマナーを教える / お客様の目線で考える

- ヒヤリハットについて教える
- 災害の怖さを教える
- 設備の操作手順を理解する

- 作業マニュアルの内容を教える
- "自工程のお客様とは"を理解する

- 電話の受け方・かけ方の基本を知ってもらう
- 朝出勤したら挨拶をすることを教える
- 身だしなみに気をつけさせる

- お客様を大切にする気持ちをもたせる
- 前工程と後工程との関連を理解させる
- 工場の生活の注意点を教える

グループ作成 4班：M氏, N氏, O氏, P氏

最重要 | 社会人としてのマナーの教育をする

業務内容を教育する

社会での心得を教える / プライベートの過ごし方の注意点を教える

デスクワークの基本を教える / 現場作業について教育をする / 災害予防の教育をする

- 身だしなみに気をつけさせる
- 朝出勤したら挨拶をすることを教える

- 休暇などの申請手続きのやり方を教える
- お金の使い方を教える

- 業務上の書類の決裁までのルールを教える
- 書類の書き方のルールを知ってもらう
- 電話の受け方・かけ方の基本を知ってもらう

- 設備の操作手順を理解する
- 作業マニュアルの内容を教える
- 原料の種類と入れる順番を理解する

- 災害の怖さを教える
- ヒヤリハットについて教える
- 工場の生活の注意点を教える

重要 | SC社の会社理念を教育する

食品業界の基礎知識を教育する

自部署の工場内での立ち位置を教える / お客様の第一を教える / 会社概要を教える

品質と衛生について教える

- 工場の組織役割について教える
- 前工程と後工程との関連を理解させる

- "自工程のお客様とは"を理解する
- お客様を大切にする気持ちをもたせる

- 経営方針を理解させる
- T社というものについて教える

- 食品技術の共通基礎を教える

- 重要な管理特性を理解する
- 品質クレームと今の品質課題を教える
- 製造前の手洗いを徹底する方法を教える

グループが作成した親和図

表 1.8 各班の親和図の内容比較

親和図の親和カードの内容	1班	2班	3班	4班
T社について，またT社で働くことを教える	◎	◎		○
一般知識や社会人としてのマナーを教える	○			◎
工場の取り決め・事務処理を教える	△		◎	△
工場の製造のことを教える	△	△	△	
品質管理に関すること，お客様が第一であることを教える		○	○	
安全衛生に関することを教育する			△	△
食品業界の基礎知識を教える			△		△
よい社風を徹底させる			△	

◎は重要な内容，○は標準，△は追加事項

1.28 の連関図のイメージ図のように，中央の楕円に問題(テーマ)の悪さ現象を取り上げ，そこから順にその現象の1次原因を考え，その1次原因を現象に見立てて，次の2次原因へと現象⇒原因の連鎖で掘り下げていきます．特性要因図のように4M(材料，ヒト，方法，設備)などの基本要因で原因が整理できない混沌とした問題の場合に，その原因探索に用います．

3) 系統図法

活用法などは第2章で詳しく解説しますが，系統図法は，目的を達成するために必要な手段を，系統的に策定し，策定された手段を，また目的に置き換えて，より具体的な方策にまで展開して，図1.28の系統図のイメージ図のように体系的にまとめていく方法です．そして，下位の具体的な手段を実施すれば，上位の目的が達成でき，方策に抜けや落ちがないかを確認します．このように，冒頭の目的を達成するための効果的な手段を徹底追究していきます．目的達成のためにもれなく方策を抽出したい場合や，やるべき方策全体の関係を明らかにしたい場合などに用います．

4) マトリックス図法

　活用法などは第2章で詳しく解説しますが，マトリックス図法は，問題が現象・原因・対策などの多元的な側面で考えられるとき，考えられる元(要素)でマトリックス(行列)を作り，それをマトリックス図で関連を整理します．図1.28のマトリックス図のイメージ図では，行の要素A1，A2と，列の要素b，c，d，e，fの要素との関連を整理しています．

　マトリックス図で関連性を整理した後には，そこから新たな着眼点や発想が得られないかを検討します．新商品企画や販売戦略立案などの際に，新しい商品の切り口や，新しい販売戦略の糸口を得るのに用います．

5) アローダイアグラム法

　アローダイアグラム法は，PERT(Program or Project Evaluation and Review Technique)を図解化したもので，工程でのネックの抽出や納期短縮のためにどのような準備をしておくべきかなどが明らかにする手法です．数多くの作業が相互に関連しており，決まった期間内で，1つの目的を達成しなければならない仕事をプロジェクトと呼びますが，そのプロジェクトを計画どおりに完了させるためのプラン構築に活用できます．

　なお，PERTは，1950年代に米海軍内のOR(Operations Research)チームが開発した，数学的に日程計画の解を出し，進捗管理に用いる方法です．1960年代には，米国の海軍のポラリス・ミサイルを開発するのに使用されました．

　アローダイアグラムでは，**図1.34**のように，各作業の進行を矢印で表し，矢印の両端に結合点の○印をつけて，左側の○印は作業の開始点，右側の丸印は作業の終了点とします．矢印の上に作業名を下にその作業の所要時間を記します．そして，作業Aは作業Bの先行作業，作業Bは作業Aの後続作業と呼びます．

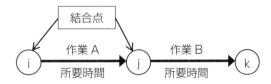

図 1.34　作業名と所要時間の示し方と作業の順

　表 1.9 の簡単な例「製品 Y の製造作業表」にて，アローダイアグラムの作成手順を解説します．

手順 1.　必要な作業を列挙し，作業の順序関係を明確にした作業表を作成する

　表 1.9 が今回の作成した作業表です．これより，各作業について図1.34 の作成の順に基づいて作業の配置を決めていきます．

手順 2.　作業表の各作業の順序関係に従って作業の配置を決める

① 　作業 A は，先行作業がありませんから，最初の作業です．

② 　作業 B，作業 C の先行作業は A なので，配置は**図 1.35 左側**のようになります．

③ 　作業 D の先行作業は B なので，**図 1.35 右側**になります．

④ 　作業 E の先行作業は C，D で，これらを連結すれば，全体の作業順序が決まり，**図 1.36** のようになります．

表 1.9　製品 Y の製造作業表

作業名	先行作業	所要時間
A	−	3
B	A	2
C	A	10
D	B	4
E	C，D	2

1章
ビッグデータをアフターコロナの営業・サービス活動に役立てる

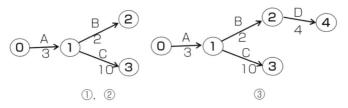

①, ②　　　　　　　　　③

図 1.35　アローダイアグラムの作成過程

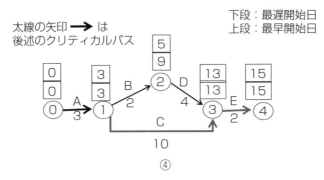

太線の矢印 ➡ は
後述のクリティカルパス

下段：最遅開始日
上段：最早開始日

④

図 1.36　表 1.8 から作成したアローダイアグラム

手順 3. 納期を確認するために所要日数の計算をして，余裕のないネック工程を見つける

　ネック工程のことを**クリティカルパス**と呼びます．また，予定どおり最短で作業を遂行する場合の所要日数を**最早開始日**と呼びます．最早開始日からは，すべての作業を終える納期日数がわかります．逆に，その納期までに間に合えばよいとして，ぎりぎりにならないと作業を行わない日を**最遅開始日**と呼びます．これらを上段と下段の 2 段箱（□／□）にして各結合点の上に書き，上段には最早開始日を下段には最遅開始日を記入します．なお，結合点の丸で示す数字は，0 からスタートし，以下順に自然数 1，2，3，…を入れていきます．表 1.9 から，図 1.34 で示す

ように，まず作業 A は 3 日かかりますから，作業 A が終えた結合点①
の 2 段箱の上段には 3 を入れます．すぐに後続の作業 B を開始して終
えると，作業 B を終えた結合点②の上の 2 段箱の上段には，3 ＋ 2 ＝ 5
が入ります．同様にして，作業 D と C が終えた結合点③の 2 段箱の上
段には，D からは 5 ＋ 4 ＝ 9，C からは 3 ＋ 10 ＝ 13 となりますが，作
業 E の開始は作業 C も終えないとできませんので，作業 E の開始日は
13 で，結合点③の 2 段箱の上段には 13 が入ります．このように，すべ
ての作業が終える日を計算すると，計 15 日間かかることがわかります．

　次に，最遅開始日の計算です．作業 E は 15 日に間に合えばよいの
で，作業 E の開始結合点の 2 段箱の下段には，15 － 2 ＝ 13 が入りま
す．作業 D の開始結合点の最遅開始日は，13 日に間に合えばよいので，
結合点②には 13 － 4 ＝ 9 が入ります，作業 B と作業 C の開始結合点①
には，作業 B は 9 日に間に合えばよいので 9 － 2 ＝ 7 ですが，作業 C
は 10 日間を要し，13 日に間に合わせなければならないので，13 － 10
＝ 3 なので，結局，作業 B と作業 C の開始結合点①の下段の最遅開始
日は 3 になります．

　このようにして作成したアローダイアグラムの全体像が図 1.36 です．
上段の最早開始日と下段の最遅開始日が同じ日数になっている結合点の
流れは余裕のない工程で**クリティカルパス**となります．

　このクリティカルパス上の作業 A，C，E 作業は余裕のない作業なの
で，遅延がないように管理します．もし納期を見直して短縮したい場合
には，クリティカルパス上のどの作業を短縮できるかを，短縮にかかる
費用や作業者の人員増の対応などから，経費が最小になるようにして計
画を見直します．納期のために作業工程を短縮すると，クリティカルパ
スが変わることもあります．この場合は新たなクリティカルパスにおい
て，また同様に最小経費の計画の見直しを進めます．

　アローダイアグラムは，このように作業日程の計画変更などに最適な

手法です.

6)　PDPC 法

　活用法などは第 2 章で詳しく解説しますが，PDPC 法は，過程決定計画図(Process Decision Program Chart)とも呼ばれ，事前に考えられるさまざまな事象(結果，状況，処置など)を予測し，プロセスの進行を進める手順を図式化し，問題が生じたときに目標に向かって軌道を修正するための手法です．新規顧客の開拓など，挑戦的なゴールや目標が高い問題・課題に対して，一歩でも解決の方向へ進みたい場合などに用いられます.

7)　マトリックス・データ解析法

　マトリックス・データ解析法は，行と列で構成された多次元の数値データを，変数同士の相関をもとにわかりやすく少数次元に縮約し，それを平面上に表すものです．多変量解析諸法の主成分分析に相当します．多くの変数データが得られたある対象集団が，どのようなデータ構造をもっているかを探索するために用いたりします.

　新 QC 七つ道具の開発リーダーであった納谷嘉信博士は，将来，情報化時代が加速していけば，多変量解析諸法が新しい QC 手法として台頭してくるだろうと考えられました．またデータがマトリックス形であることから「マトリックス・データ解析法」として，新 QC 七つ道具の 1 つに，この主成分分析を加えられたのです.

　手法のイメージを**図1.37**の例で紹介します．図1.37 の左側の表は，縦に衣料品の用途，横にはその用途が必要とする品質特性が示されています．各用途と各品質特性との交点に 1 が入っていると，その衣類の用途が必要な品質特性であり，0 が入っているとその品質特性を特に必要としないことを示しています．右側の図はこの左側の表の数値データからマトリックス・データ解析を行って得られた結果の図です.

　すなわち，左側の表のような各衣料品が必要とする各品質特性をまと

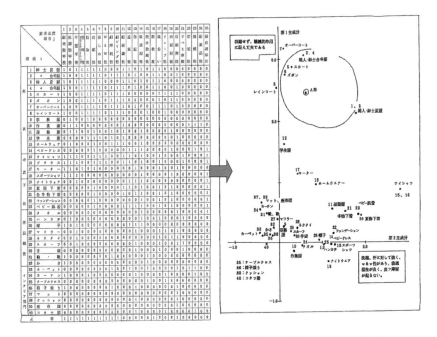

図 1.37　マトリックス・データ解析法で導ける結果のイメージ図 [32]

めると，最初に，洗濯や汗に対して強く，W&W 性や吸透湿性があり，
皮膚障害が起こらないことが必要な特性の構造が導かれ，その傾向の度
合いが右側の図の横軸に表されて，右に行くほどその必要度は強くなる
ことを示しています．次いで，収縮せずに機械的作用に強いことが 2 番
目に必要な特性の構造となり，その傾向の度合いが縦軸に表され，上に
行くほどその程度は高くなります．

　このようにまとめられた品質特性の横軸と経軸に対して，各衣料用途
がどのような位置づけになるかを示したのが，マトリックス・データ解
析の結果の図です．この図から，Y シャツやベビー肌着，夏物下着は，
洗濯や汗に対して強く，W&W(ウォッシュアンドウェア)性や吸透湿性
があり，皮膚障害が起こらないことが必要であり，またオーバーコート

や婦人・紳士合冬服は，収縮せずに機械的作用に強いことが必要であることがわかります．

　すなわち，マトリックス・データ解析法によって，表に示された衣料品の多くの品質特性間の関係を総合的に解析して，意味する度合いの大きい品質特性から順に，図の軸に表していき，どの衣料品用途がどのような品質特性を必要としているかを見やすく整理できています．元の多くの品質特性から少数個の品質の総合特性に要約して，元のデータがもっている特徴の大部分を見やすい新しい図に表せるところに特長があります．つまり，「たくさんの変数項目があるのだが，一言で言うならば何々である」としたい場合に便利に活用できる手法といえます．

■1.6　営業・サービス活動での５つのキーワード[33]

　お客様への訪問や連絡をとっていれば，受注ができて，商品やサービスが売り込める時代ではなくなってきました．営業・サービスの方々の最大の役割は，1.1節(2)で解説したように，「**お客様（顧客）の満足に貢献する**」ことを，しっかりと理解し，認識することです．「お客様の満足に貢献する」ということは，**提供する商品・サービスを通じて，買い手のお客様が抱えている課題に対して，どのような貢献ができるかを考えて，このような解決法があるということが提示できなくてはなりません**．

　そのためには，常日頃から忘れてはいけない大切な５つのキーワードがありますので，本章の最後に解説します．

　営業・サービスの方は，提供する商品やサービスの取り巻く状況についての知識を，お客様よりも広く深く有していなければなりません．

（1）　まず，商品・サービスの市場をよく知る

　市場の大きさや流通ルートなどの知識ですが，お客様への有益な情報となるのは，その商品・サービスが現場（市場）でどのように一般的に使われているかです．そして，特殊な市場で，使われている場合も市場規模の情報や使われ方を知っておくことが重要です．

（2）　当然，提供する商品・サービスの知識が豊富である

　商品・サービスの特性はもとより，自社の商品・サービスの評判や他社との比較での優位性や劣っている点の知識が重要です．高い技術的な内容よりも，お客様にとって，この商品・サービスが，どのように役立つかを提案できるようにします．

（3）　当初考えていた顧客像と今のお客様との違いをよく認識して，現在のお客様の状況をよく観察し，把握する

　お客様の先にさらに顧客がいれば，その顧客の状況も調査しておくと，お客様への提案の際には，その顧客のためになる内容を提言することができます．

（4）　自社の商品・サービスと競合する競合相手を決めて，その情報を集める

　競合相手の情報は，お客様と取り組む場合の戦略として，大いに役立てられます．自社商品・サービスと競合相手との競争力をいろいろな角度から，第2章でも解説するような SWOT 分析を行って，相対的な強み・弱みなどを把握することでよい方策が見つけられます．

（5）　商品やサービスの元になる製法や材料供給先をよく知る

　商品やサービスの材料や製法の概況を知っておくことが重要です．ま

た，安定的な商品やサービスが提供できるための他の材料供給先についても幅広く知っておき，サプライチェーンについてもよく把握しておきます．

　このような営業・サービスに関する情報は，言語データが多くなることが予想されます．これらの情報を，属人的で関係者と共有するのは難しい，と考えてはいけません．近年は，これらの言語データをデータベース化できるソフトやデータベース化のコンサルティングをする業者も増えています．それらに頼る前に，まず，1.3 節(2)で解説した Excel のデータベースを作り，**市場，商品・サービス(自社と他社)，顧客(お客様)，競合相手，製法・供給先など**の５つのキーワードから，さらに各キーワード項目の内容を，ピボット分析を意識した細目にして情報を収集・整理し，関係者の皆で共有する仕組みにします．そして，必要なときにこれらの情報から新たな知見を抽出して，皆で共有します．Excel でデータベース化しておけば，その後，市販ソフトの導入やコンサルタントに依頼をしても，容易に転換できます．

第2章

営業・サービス活動の問題・課題解決 4ステップ

2.1　ステップ1　問題の見える化

（1）　問題発見シートによるテーマの設定

　顕在化している問題は，仕事の管理項目を設定し，管理水準との差から見つけることができます．しかし，潜在的な問題は，日頃の仕事の中から見つけることは難しいものです．そのため，外部評価を行うことによって，「あるべき姿」を想定し，現状との差から取り組まなければならない問題を見つけ出す必要があります（**図 2.1**）．

　外部評価は，大別すると社外評価と社内評価の2つが考えられます．社外評価としては，「お客様のニーズの変化」や「外部環境の変化」が考えられます．たとえば，お客様のプロセスから自分たちの仕事を評価してみると，自分たちでは気がつかなかった問題が浮き彫りになるものです．

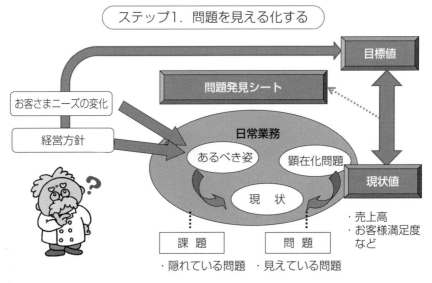

図2.1　ステップ1の全体像

(2) 問題を見える化するポイント

1) 仕事の結果と取り組むべき問題は別

　仕事の結果を問題として取り上げると，問題が抽象的になります．何が問題なのか，もう一度考えてみます．例えば，「売上が落ち込んでいる」を取り上げた場合，「売上向上」とテーマを設定しがちです．しかし，売上が落ち込んでいるのは，どの商品なのか，どの地区の代理店なのか，お客様の嗜好が変わったのか，層別して考える必要があります．

　思い込みが強い人がいると，「これが問題だ！　だから取り組むんだ！」とテーマを決めてしまいがちになりますが，取り上げた問題に関連するデータをグラフに表し，それを，後述するバランス・トレンド・ポジションで見ます（図2.2）．そして，客観的に評価を行って，本当に重要であると確認できる問題に取り組みます．事実のデータからテーマを設定することが大切です．

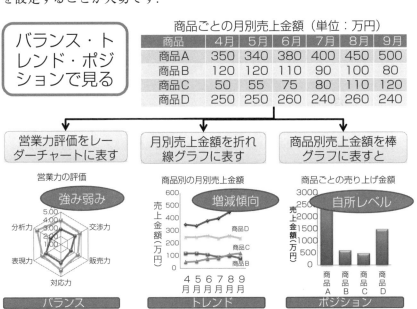

バランス・トレンド・ポジションで見る	商品ごとの月別売上金額（単位：万円）					
	商品	4月	5月	6月	7月	8月	9月
	商品A	350	340	380	400	450	500
	商品B	120	120	110	90	100	80
	商品C	50	55	75	80	110	120
	商品D	250	250	260	240	260	240

図2.2　問題のデータからバランス・トレンド・ポジションで見る

2) バランス・トレンド・ポジションで見る

数値データからグラフを書くと，いろいろなことがわかります．このとき，「バランス・トレンド・ポジション」で見ていけば，全体の姿を知ることができます（**図2.3**）．

バランスを見るとは，問題を層別して，個々のレベル評価を行うことです．レーダーチャートなどを書くと，「強み」と「弱み」を引き出すことができます．

トレンドを見るとは，問題の特性値の時間的変化を見ることで，増加傾向なのか，減少傾向なのかを知ることです．このとき，折れ線グラフなどを書くとよくわかります．

ポジションを見るとは，問題の特性値を他所や他社と比較し，自分たちのレベルを認識することです．このとき，棒グラフなどを書くとよくわかります．

バランスを見るレーダーチャート

強み・弱み

強み・弱みを
引き出します

トレンドを見る時系列グラフ

増減傾向

増減傾向がわかります

ポジションを見る比較グラフ

自所レベル

自所のレベルが
わかります

図2.3 バランス・トレンド・ポジションとは

（3）　問題とは，理想と現状の差

　図2.4の問題発見シートによって取り組むテーマを設定するには，次の手順で進めます．

手順1.「現状困っていること」または「あるべき姿」の一方を記入する

　困ったことを書いたときは，「現状」の欄に困ったことの具体的な内容を書きます．このとき，困ったことに関連する事実のデータを測定し，グラフに表し，事実確認を客観的に行います．

　望んでいることを書いたときは，「あるべき姿」の欄に望んでいることの具体的な内容を書きます．このとき，言葉では表しにくい場合には，イメージ図などを添付しておくとよいです．また，目標となる数値があるなら，それも記入しておきます．

手順2.　相反することを考える

　困ったことから「現状」を書いたときは，どうあればいいのか，目標

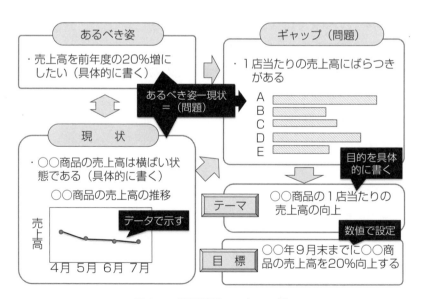

図2.4　問題発見シートの一例

などを考えて「あるべき姿」を書きます．望んでいることから「あるべき姿」を書いたときは，今がどうなっているのか「現状」を具体的に書きます．

手順3. ギャップを見つけ出す

「現状」と「あるべき姿」のギャップが取り組むべき「問題」となります．

「あるべき姿」－「現状」＝「ギャップ」（＝「問題」）

このギャップに関連する実態も，データをグラフ化して，確認しておきます．

手順4. 取り組むテーマを設定する

手順3で見つけた「問題」を解決するためのテーマとして設定します．ここでは，目的を具体的に表現し，対策を書かないようにします．

手順5. 目標を設定する

手順3で設定したテーマの達成度を最もよく表している数値データで目標（何を，いつまでに，どれだけ）を決めます．

以上を「問題発見シート」にまとめます

図2.4は問題発見シートの一例です．この例では，○○商品の売上高が近年横ばい状態であったことから，あるべき姿に「売上高20％増」を設定し，現状の欄に４月から７月までの○○商品の売上高の推移を折れ線グラフで表しています．

この現状とあるべき姿のギャップを分析したところ，取引先の１店当たりの売上高にばらつきがあることがわかりました．

そこで，取り組むテーマを「○○商品の１店当たりの売上高の向上」とし，目標値を「○○年９月末までに○○商品の売上高を20％向上する」としています．

(4) お客様の声から問題を発見

　自分たちのお客様が真に望むことを達成するために，次の問いかけを行います．

手順1. 自分たちのお客様は誰か？

　販売実績などからターゲットとするお客様を特定します．特定するお客様をできるだけ具体的に設定します．

手順2. お客様に何を提供すればいいのか？

　お客様の声などからニーズを抽出します．

手順3. お客ニーズの現状が，今どうなっているのか？

　お客様のニーズに対応した営業活動になっているのか，評価します．

手順4. 将来を見たとき，今何をすべきなのか？

　販売実績を高めるために，改善すべき営業活動の問題を抽出します．

　以上の手順1から手順4までの結果から，テーマと目標を設定します．

　図2.5では，自分たちのお客様を「A商品を納入しているお客様」を設定して，そのお客様に何を提供すればいいのか，お客様の声を関係するスタッフに聞いてみたところ，「お客様の要望に合わせたとおりに商品を納入してほしい」とのことでした．

　そこで，この問題が今どうなっているのか，納期の実態を調査してみました．その結果，「お客様との調整事項が営業より確実に伝わっていないケースがあり，納入直前に仕様変更を行っていない」ことがわかりました．

　そのため，将来を見たとき，今何をすべきなのかを関係者で議論した結果，「営業を通じて提供されたお客様情報を配送に確実に伝わるような仕組と管理を行っていく必要がある」という結論に達しました．

　このお客様視点問題発見シートから，問題「お客様要望事項の情報が

手順	問いかけ	具体的な内容
手順1	自分たちのお客様は誰か？	• A商品を納入しているお客様
手順2	お客様に何を提供すればよいのか？	• お客様の要望に合わせて商品を納入する
手順3	それが、今どうなっているのか？	• お客様との調整事項が営業より確実に伝わっていないケースがあり，納入直前に仕様変更を行っている
手順4	将来を見たとき，今何をすべきなのか？	• 営業を通じて提供されたお客様情報を，配送に確実に伝わるような仕組みと管理を行っていく必要がある

問題	• お客様要望事項の情報が営業から配送に確実に伝わっていない テーマ：営業から配送までの情報の共有化	目標	• 情報の食い違いによる　仕様変更件数 ３件／月（期末実績） →　１件／月（今期末）

図2.5　お客様視点問題発見シート

営業から配送に確実に伝わっていない」を解決すべく，テーマを「営業から配送までの情報の共有化」とし，目標を「情報の食い違いによる仕様変更件数を３件／月（期末実績）1件／月（今期末）」と設定しました．

2.2　ステップ2　要因の見える化

(1)　要因を見える化するステップ

　テーマに取り上げた問題は，現象であったり，抽象的な内容であることが多いものです．真の問題解決を行うには，問題を発生させている原因を見つけなければなりません．しかし，原因は直接見ることはできません．

　そういう場合は，現象として捉えた問題の原因を連関図で考えることで潜在的原因を見つけることができます．具体的には，問題の現象を一次要因として設定し，「なぜ？」，「なぜ？」と考えていき，末端の原因（これを主要因といいます）を明らかにします．問題（結果）と主要因（原因）の散布図を書き，相関関係を検証します（**図2.6**）．

手順1.　仮説構造図の作成

　取り上げる結果に対する要因を洗い出し，構造を考えます．このとき，連関図を作成します．

手順2.　要因と結果の関係の把握

　結果と要因の関係を把握するため，散布図を作成し，相関係数を求めて，結果と要因の関係を把握します．相関係数から相関があるかどうかは，無相関の検定を行って判定します．

手順3.　さらなる高度な手法の活用

　複数の要因から結果を予測するには，重回帰分析を行います．また，重回帰分析から求めた標準編回帰係数と平均値の散布図から重点改善項目を抽出するポートフォリオ分析などの活用もあります．

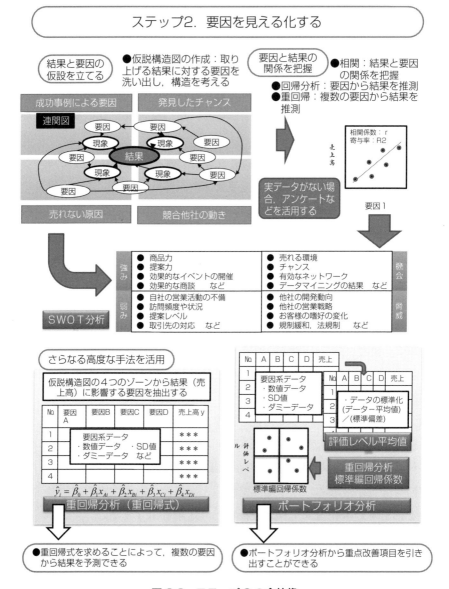

図2.6 ステップ2の全体像

(2)　原因を考える連関図

1)　連関図とは

　連関図とは，問題とする事象（結果）に対して，要因が複雑に絡み合っている場合に，その因果関係や要因相互の関係を矢線によって論理的に関係づけ，図に表すことで，問題解決の糸口を見出す方法です．

　連関図は，まず取り上げる問題を設定します．そして，問題に関連する現象を調べます．このとき，数値データで実態を把握します．次に，問題の現象をとらえて問題の周りに書く，これが一次要因です．その後，一次要因ごとに「なぜ」，「なぜ」を繰り返し，要因を堀り下げます．その結果を連関図に書きます．

　そして，重要と思われる主要因を特定し，データを収集し，結果と要因を検証して真の原因を突き止めます（**図 2.7**）．

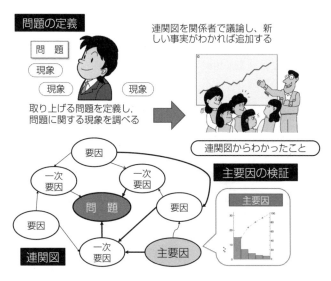

図 2.7　連関図とは

2) 連関図の作成手順

連関図は，要因→結果などの関係が複雑に絡み合っている問題について，これに関係すると考えられるすべての要因を抽出し，的確な言語データで簡潔に原因を表現し，それらの因果関係を矢線で論理的に関連づけるものです．その結果，全貌をとらえ，主要因を絞り込むことによって，問題の核心原因をとらえることができます．

連関図を作図する手順は，次のとおりです．

手順1．取り上げる問題の設定

図2.8では，最近売上が落ち込んできたことを取り上げ，販売実績を調べたところ，主力商品である○○の売上数が減少していることがわかりました．そこで，「主力製品の売上が伸びない」をテーマに設定し，原因を連関図で検討することにしました．

手順2．主要因の抽出

問題に関連して「なぜ？」と考えながら要因を考えていきます．これらの中から主要因を抽出します．図2.9では，4つの主要因「店舗での露出が減ってきた」，「訪問回数が少ない」，「特別な提案をしていない」，

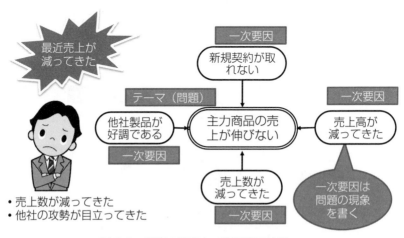

図2.8　問題の設定と一次要因の抽出

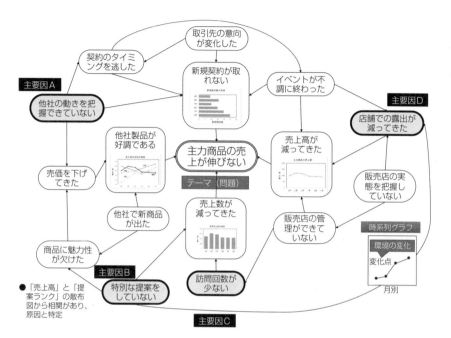

図2.9 主要因の抽出

「他社の動きが把握できていない」を選び出しています.

手順3. 主要因をデータで検証

　主要因となる候補は,矢線の出入りが多い要因や矢線が出ている根底にある要因に注目します.主要因は二次要因以降から抽出します.

　真の原因をつかむには,連関図を最低3回検討します.1回目は机上で書き,2回目は書き上げた連関図を関係者で議論し,そこで気づいたことを記入します.3回目は,重要と思われる主要因に関して,データを採取し,結果と要因を検証して真の原因を突き止めます.

　図2.9では,前述のように4つの主要因「店舗での露出が減ってきた」,「訪問回数が少ない」,「特別な提案をしていない」,「他社の動きが把握できていない」を選び出しています.

　選び出された主要因は，データで検証を行います．図2.10では，主
要因の実態を把握するため，データを層別して状態を比較する棒グラフ
を書いたり，時系列折れ線グラフから変化点の環境変化を読み取ってい
ます．また，結果(問題)の特性値と主要因の特性値のデータをペアで収
集し，散布図を書くことによって検証し，真の原因であるかどうかを確
認しています(図2.11)．

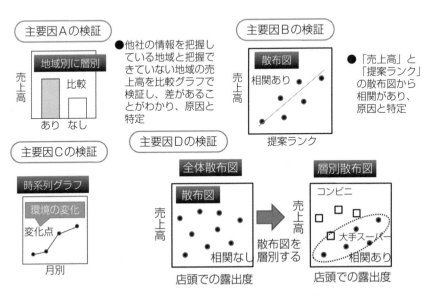

図2.10　主要因をデータで検証する方法

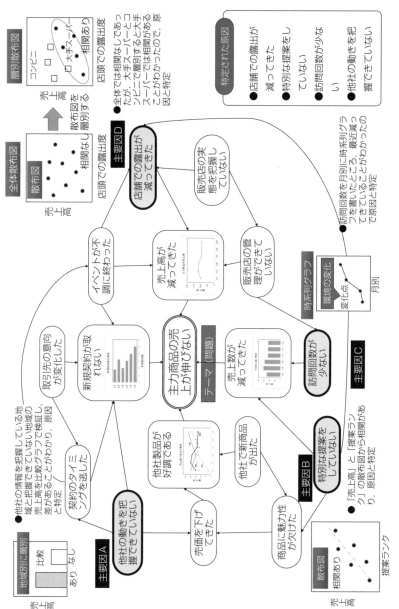

図 2.11　まとめた連関図

(3)　営業戦略に活用できる相関と回帰

1)　新人研修が売上に役に立ったのか？

　営業部では，今年から新人に商品知識や販売ノウハウの研修を行っています．研修を受けた新人は，張り切って職場で活躍してくれており，研修の受講者評価もよかったので，来年度も実施すべく，予算申請をしました．そうすると経理部から，「この研修が本当に役立っているのか？」と聞かれて困りました．

　持ってきたデータ表から，店舗ごとの"研修受講率"と"売上増加率"を抜き出しました．

　横軸に「研修受講率」，縦軸に「売上増加率」を取ったグラフに，10店舗のデータをプロットしていきました．これが散布図です．この散布図は，点が右肩上がりになっていました．これは，横軸が増えれば，縦軸も増えてくることになります．このように，結果と要因の関係を散布図に表すと２つの特性値の関係がわかります．これを"相関"といいます（図2.12）．

　今回のように右肩上がりになっていることを"正の相関がある"とい

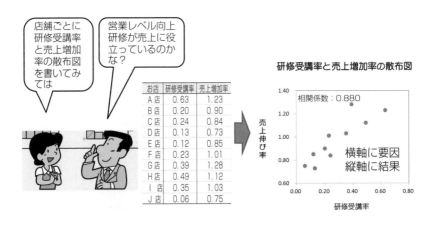

図2.12　店舗ごとの研修受講率と売上増加率の散布図

います．散布図から，「新人研修が営業の売上に役に立っている」といえそう，ということがわかります．

2) どのくらい新人研修をすればよいのか？

では，どれくらい研修を行えば，目標を達成することができるのかを考えます．まず，この散布図の点の集団の中央に1本の直線を引き，この直線の式を求めます．パソコンの Excel を使って式を計算した．結果は，次のとおりです．

$$(売上増加率) = 0.94 × (研修受講率) + 0.71$$

この式を使えば，どのくらい研修受講率を上げれば，目標の売上増加率を達成できるのかを予測することができます．研修受講率を50%にすれば，売上増加率が118%になると予想されます．

この結果をもとに，来年度，各店舗の研修受講率を50%まで引き上げるよう研修計画を立てました．

また，相関関係を見るときには，相関関係の強さを表す値である相関係数を使います．ここでは，相関係数 $r = 0.88$ であり，相関があるということがわかります．

また，取り上げた要因がどの程度結果に寄与しているかの目安，となる指標として，寄与率があります．寄与率 R^2 は，$R^2 = r^2 = 0.88^2 = 0.77$ であり，売上増加率に影響を与えている要因のうち，77% が研修受講率だということがわかります（**図 2.13**）．

3) 散布図を書くと2つの相関関係がわかる

散布図にプロットされている点の集団から，2つの特性の相関を読み取ります．今，ここに「提案状態」，「店頭価格」，「訪問時間」，「売上高」についての6店舗分のデータがあったとします．

「提案状態」とは，営業担当が次の評価点で店頭担当者に提案した状況を1カ月間合計し，回数で割った値（評価点／人回）です．

5点：個々のお客様に見合った提案書を作成し，プレゼンする

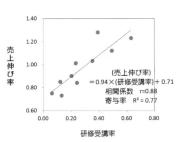

研修受講率と売上増加率の散布図

(売上伸び率)
=0.94×(研修受講率)+0.71
相関係数　r=0.88
寄与率　R² = 0.77

図 2.13　散布図と回帰直線

4点：提案書を読んでいただくよう置いていく

3点：一般的な提案書で説明する

2点：パンフレットで説明する

1点：口頭でお願いする

「店頭価格」とは，お店で売られていた商品の価格(円／個)です．「訪問時間」とは，営業担当がお店を訪問した時間(分／回)です．「売上高」とは，結果指標として，お店の商品の売上高(万円／月)です．

① 「提案状況」と「売上高」の関係

表 2.1 のデータ表から「提案状況」を x 軸に，「売上高」を y 軸にとった散布図を書いたのが図 2.14 です．この図から「提案状況」の評価点が高くなると，「売上高」が多くなります．この状態を「相関がある」といい，この場合 x 軸が増えれば y の値も増えていきます．この関係を「正の相関がある」といいます．

② 「店頭価格」と「売上高」の関係

表 2.1 のデータ表から「店頭価格」を x 軸に，「売上高」を y 軸にとっ

表2.1 営業活動と売上高のデータ表

店舗	提案状況	店頭価格	訪問時間	売上高
A店	1.83	1,900	18	107
B店	5.00	1,800	21	122
C店	1.92	2,100	18	90
D店	3.42	2,000	20	112
E店	2.75	2,300	17	104
F店	1.00	2,400	22	91

2章

営業・サービス活動の問題・課題解決4ステップ

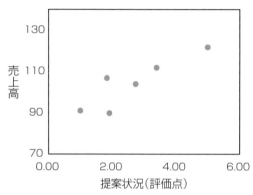

図2.14 提案状況と売上高の散布図

た散布図を書いたのが**図2.15**です.この図から「店頭価格」が高くなると,「売上高」が減ってきます.この場合,x軸が増えればyの値が減ってきます.この関係を負の相関があるといいます.

③ 「**訪問時間**」と「**売上高**」の関係

表2.1のデータ表から「訪問時間」をx軸に,「売上高」をy軸にとった散布図を書いたのが**図2.16**です.この図から,「訪問時間」が増えても,「売上高」が増えるとは限りません.この状態を相関がないといいます.このような場合,この項目間には関係が認められません.

4) Excelによる散布図の作成

Excelで散布図を作成するには,「挿入」タブの「グラフ」の中の「散

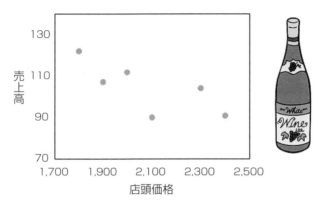

図2.15　店頭価格と売上高の散布図

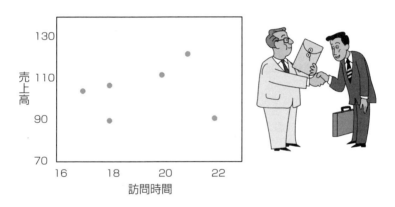

図2.16　訪問時間と売上高の散布図

布図」で作成し，見やすくなるようにグラフの修正を行います．

　Excel で散布図を作成する手順は，次のとおりです．

手順1. データ表の作成と指定

　ここでは，10店舗の研修受講率と売上増加率のデータの散布図を作成します．

　ここでは，データの範囲を指定します(セル「C3:D13」を指定).

手順 2．散布図の作成

「挿入」タブの「グラフ」の中にある「散布図」から，「点の散布図」アイコンをクリックします．

手順 3．横軸・縦軸の目盛の修正

各軸にカーソルを当てて右クリックします．

「軸の書式設定」の「軸のオプション」の，最小値・最大値を「自動」から「固定」にし，最小値・最大値付近の値を入力します．グラフの補助線を左クリック→右クリック→削除で，補助線を削除すると見やすくなります（**図 2.17**）．

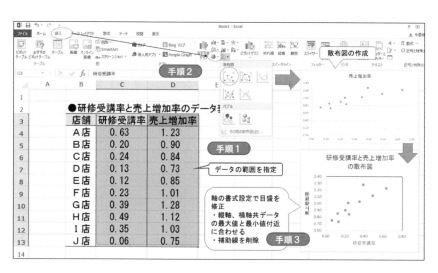

図 2.17　Excel による散布図の作成

(4)　散布図を見るときのポイント

1)　飛び離れたデータが出現したとき

　全体の点の散らばりから飛び離れた点があれば，データの履歴からその原因を調べます．その結果，測定ミスや他のデータが混在しているとわかったときには，このデータを除いて，再度，散布図を書きます．

　もし，このデータが，解析している工程から出現した異常データであると想定された場合，出現した環境状態を調べ，再度，データを収集して，散布図を書きます（図 2.18）．

　図 2.19 のように飛び離れたデータがある場合，このデータが他のデータと異質なものであるかどうか検討します．飛び離れたデータが他のデータと異質なものであれば，そのデータを取り除いて散布図を書きます．

　飛び離れたデータがあると，相関の有無，回帰直線も変わるため，そのデータを他と同じに扱っていいかどうかを検討する必要があります．

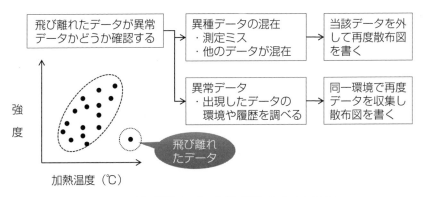

図２.18　飛び離れたデータが出現したときの対応

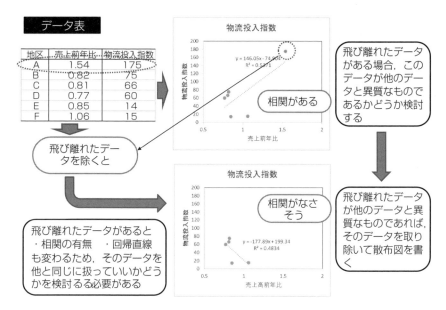

図2.19　飛び離れたデータがある場合

2)　今までの経験から判断すると疑問に感じるとき

　散布図を書いた結果,「相関がない」と判定されました. しかし, 今までの経験から, この要因は結果に対して「相関がある」はずだ, と疑問を感じたら, データの履歴を確認し, 層別できる要素を探して層別した散布図を書きます.

　その結果, 層別された散布図からは,「相関がある」ということが判明することもあります(図2.20).

　層別を行っても, 答えが変わらない場合, もう一度データを取り直して散布図を書いて検討します. 場合によっては, 今までの概念にない新しい事実が見つかることもあります. 要は, 散布図を見ていろいろと検討してみることが大事です.

　図2.20では, 商品露出度と売上高は相関があるものと思ってデータ

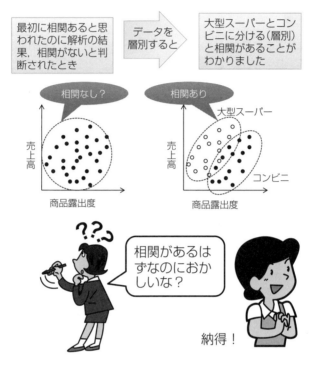

図 2.20　層別すると相関があるとき

をとりました．しかし，散布図からわかったことは，相関がないとい
う結果でした．「商品露出度と売上高は相関があるはずなのにおかしい
な？」と思い，データ表を見たところ，大型スーパーマーケットとコン
ビニのデータが混じっていました．そこで大型スーパーマーケットとコ
ンビニでデータを層別すると，それぞれが相関があることがわかりまし
た．

3)　点の散らばりに2つ以上の傾向が表れたら層別してみる

　散布図の点があちらこちらに点在して読み取りにくいときは，散布図を層別します．

　Aさんがパートで行っているスーパーマーケットでは，新聞の折り込みチラシを行っていた．あるとき，売り場の主任さんからこの折込チラシが売り上げに役立っているのかどうかの疑問が投げかけられました．

　しばらく考えたAさんは，Bさんから以前に聞かされていたQC七つ道具を思い出し，折込チラシが売上金額にどれほど効いているのか，散布図を書いてみようと思いました．

　系列の8店舗の「折込費用」と「売上金額」のデータを散布図に書きました．その結果，関係があるようで，ないように見えました．そこで，店舗を「住宅地」と「商業地」で分けてみると，商業地は，折込費用と売上金額と相関がなさそうであり，住宅地は，折込費用と売上金額と相関があることがわかりました．

　この結果を主任に報告した結果，「住宅地は折込チラシの効果がありそうなので，今後も強化していくことにしよう」と主任が決めました（図2.21）．

4)　Excel による層別散布図の作成

　Excel で散布図を層別する手順は，次のとおりです．

手順1.　並び替えデータの指定

　並び替えるデータの範囲を指定します．

手順2.　データの並び替えの選択

　「データ」タブの「並び替え」をクリックします．

手順3.　並び替える項目の指定

　「優先されるキー」の中に，並び替える項目「地域」を指定します．

　「OK」をクリックすると並び替えられたデータ表が表示されます（図

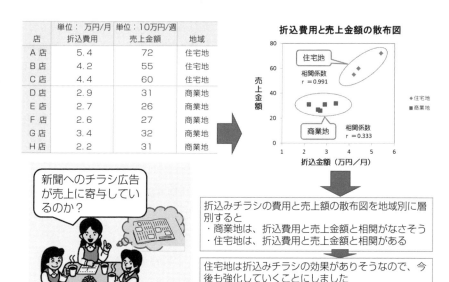

図2.21 地域別に層別した散布図

2.22).

手順4. 全体散布図の作成

並び替えられたデータ表から「挿入」→「グラフ」→「散布図」で全体の散布図を作成します（**図2.23**）.

手順5. 第1層別散布図の作成

散布図の点を指定します. 右クリック→「データの選択」→「データソースの選択」の「編集（E）」を指定します.

手順6.「系列の編集」画面での諸元の入力

系列名（N）には，層別するデータの名称,「住宅地」を入力します. 系列 X の値（X）に, X 軸のデータ範囲を指定します. 系列 Y の値（Y）に, Y 軸のデータ範囲を指定します.「OK」ボタンを押します（**図2.24**）.

手順7. 第2層別散布図の追加

「データソースの選択」画面の「追加（A）」を指定します（**図2.25**）.

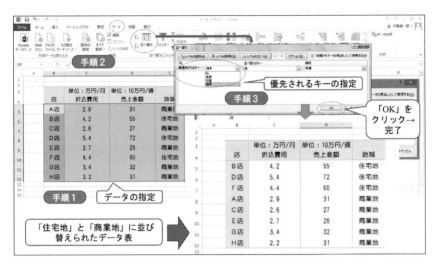

図 2.22　データの並び替え

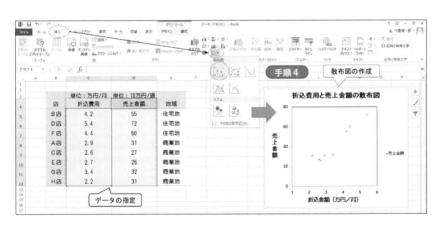

図 2.23　全体散布図の作成

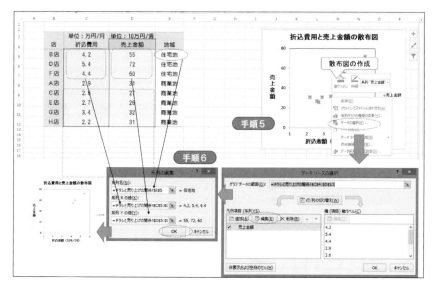

図 2.24　第１層別散布図の作成

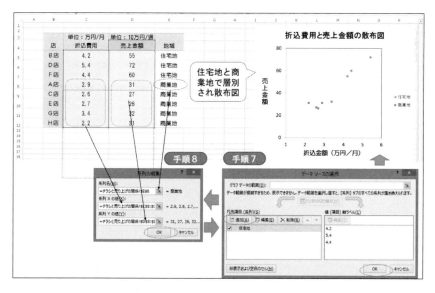

図 2.25　第２層別散布図の作成

2.2 ステップ2 要因の見える化 *103*

手順8.「系列の編集」画面での諸元の入力

系列名(N)には，層別するデータの名称である「商業地」と入力します．系列Xの値(X)に，X軸のデータ範囲を指定します．系列Yの値(Y)に，Y軸のデータ範囲を指定する．「OK」ボタンを押します．

以上の結果，住宅地と商業地に層別した散布図が表示されます(**図2.26**)．

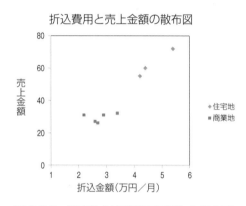

図 2.26 **住宅地と商業地で層別した散布図**

(5) 相関の有無を判定する無相関の検定

1) 相関の強さを表す相関係数

散布図から2つの特性の関係を読み取れますが,この相関の度合い
を統計量として把握するには,相関係数 r を計算することだと述べまし
た.もう一度詳しく解説すると,相関係数 r は,2つの変数の相関関係
の強弱の程度を計算することで,数値でその強さを見るものです.

今,食品売り場の売上高が落ち込んできた原因を考えていたとき,売
り場面積によって売上高が異なるかどうかを調べることになりました.

そこで,系列10店舗の食品売り場面積と売上高のデータをとりまし
た(表2.1).

相関係数を求めるには,2つの特性値の平方和と積和を求めます.求
めた平方和と積和を使って,次式で相関係数を求めます.

$$\text{相関係数} \quad r = \frac{S_{xy}}{\sqrt{S_{xx} \times S_{yy}}}$$

S_{xx}:「x」の平方和　S_{yy}:「y」の平方和　S_{xy}:「x」と:「y」の積和

まず,データ補助表を作成します.ここでは,食品売り場面積と売上
高のデータから相関係数を計算します.

表2.1 食品売り場面積と売上

店舗	食品売り場面積	売上高
No. 1	18	14.6
No. 2	30	27.6
No. 3	12	10.1
No. 4	15	18.7
No. 5	34	28.5
No. 6	28	11.5
No. 7	42	21.2
No. 8	43	19.2
No. 9	30	20.3
No. 10	55	30.2

2章

相関係数を計算するには，データ表から計算補助表を作成します（表2.2）.

表2.2から，xの平方和，yの平方和とxとyの積和を計算します.

xの平方和 $S_{xx} = \sum x_i^2 - \dfrac{\left(\sum x_i\right)^2}{n} = 11071 - \dfrac{(307)^2}{10} = 1646.1$

yの平方和 $S_{yy} = \sum y_i^2 - \dfrac{\left(\sum y_i\right)^2}{n} = 4513.33 - \dfrac{(201.9)^2}{10} = 436.969$

xとyの積和 $S_{xy} = \sum x_i y_i - \dfrac{\left(\sum x_i\right)\left(\sum y_i\right)}{n} = 6769.5 - \dfrac{307 \times 201.9}{10}$
$= 571.17$

以上の結果から相関係数rを計算すると，

相関係数 $r = \dfrac{S_{xy}}{\sqrt{S_{xx} \times S_{yy}}} = \dfrac{571.17}{\sqrt{1646.1 \times 436.969}} = 0.673$

相関係数$r = 0.673$となります.

相関係数rは，$-1 \leqq r \leqq +1$の範囲にあり，$r = \pm 1$に近いほど

表2.2　計算補助表

店舗	食品売り場面積 x	売上高 y	x^2	y^2	xy
No.1	18	14.6	324	213.16	262.8
No.2	30	27.6	900	761.76	828
No.3	12	10.1	144	102.01	121.2
No.4	15	18.7	225	349.69	280.5
No.5	34	28.5	1156	812.25	969
No.6	28	11.5	784	132.25	322
No.7	42	21.2	1764	449.44	890.4
No.8	43	19.2	1849	368.64	825.6
No.9	30	20.3	900	412.09	609
No.10	55	30.2	3025	912.04	1661
合計	307	201.9	11071	4513.33	6769.5

「相関があり」，$r = 0$ に近いほど「相関がない」ということになります．

2) Excel 関数による相関係数の計算

Excel で相関係数を計算するには，Excel 関数「CORREL」を使います（図 2.27）．

手順 1. 結果を表示するセルの指定

ここでは，セル「D14」に全体の相関係数を表示することにします．

手順 2.「関数の挿入」画面の表示

「数式」タブの「関数の挿入」をクリックします．

「関数の挿入」画面が表示されますので，関数の種類で「統計」を選択し，関数名で「CORREL」を選択します．「OK」をクリックします．

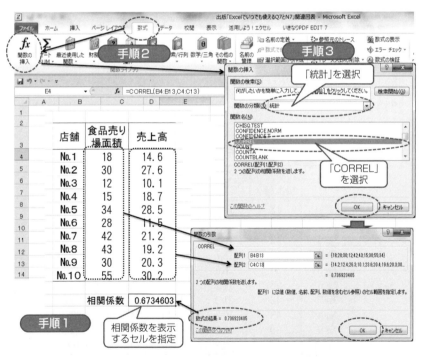

図 2.27　Excel 関数「CORREL」による相関係数の計算

手順3. 「関数の引数」画面で諸元の入力

「配列1」と「配列2」に2つのデータを指定する. 「OK」をクリックします. 以上の結果, セル「D14」に計算された相関係数「$r = 0.673$」が表示されます.

3) 相関の有無の判定

相関の有無を見るためには, 無相関の検定を行います. 具体的には, 検定統計量 t_0 を計算し, t 検定を行います(表2.3).

$$検定統計量 \quad t_0 = \frac{r\sqrt{n-2}}{\sqrt{1-r^2}} = \frac{(相関係数) \times \sqrt{(データ数)-2}}{\sqrt{1-(相関係数)^2}}$$

無相関の検定は, まず, 相関係数とデータ数から統計量 t_0 を計算します. この統計量 t_0 と, t 分布表から得られる $u(n-2, \ 0.05)$ の値とを比較します.

$$|t_0| = \left| \frac{r\sqrt{n-2}}{\sqrt{1-r^2}} \right| \geqq t(n-2, \ 0.05)$$

なら, 「相関がある」.

表2.3 相関の有無を判定する t 値

t 分布表($\alpha = 0.05$)					
データ数(n)	$n-2$	$t(n-2, \ 0.05)$の値	データ数(n)	$n-2$	$t(n-2, \ 0.05)$の値
3	1	12.706	13	11	2.201
4	2	4.303	14	12	2.179
5	3	3.182	15	13	2.160
6	4	2.776	16	14	2.145
7	5	2.571	17	15	2.131
8	6	2.447	18	16	2.120
9	7	2.365	19	17	2.110
10	8	2.306	20	18	2.101
11	9	2.262	21	19	2.093
12	10	2.228	22	20	2.086

$$|t_0| = \left|\frac{r\sqrt{n-2}}{\sqrt{1-r^2}}\right| < t(n-2,\ 0.05)$$

なら,「相関があるとはいえない」と判断します.

なお,横軸・縦軸の目盛を修正する場合には,各軸にカーソルを当てて右クリックします.

「軸の書式設定」の「軸のオプション」の,最小値,最大値を「自動」から「固定」にし,最小値・最大値付近の値を入力します.グラフの補助線を左クリック→右クリック→削除で,補助線を削除すると見やすくなります.

4) 無相関の検定の例：衣料品の売上金額と売場の POP の数は関係があるの？

あるスーパーマーケットの営業リサーチ部では,衣料品販売の落ち込みが顕著なため,売場の POP(Point Of Purchase：販売意欲促進広告)のスタンド数と売上高の関係を調べることになりました(**図 2.28**).

調査は,20 店舗のデータを集めました.まず,データ表から散布図を作成したところ,点が全体に散らばっていました.次に相関係数を計算すると,0.733 になりました.

散布図を見ると相関がありそうですが,相関係数が 0.733 なので,本当に相関があるかどうかを確かめるのに "無相関の検定" を行いました.

この事例では,相関係数が $r = 0.733$,データ数が 20 なので,統計量 t_0 を計算すると,$t_0 = 4.572$ となります.

$$統計量 \quad t_0 = \left|\frac{r\sqrt{n-2}}{\sqrt{1-r^2}}\right| = \frac{0.733 \times \sqrt{20-2}}{\sqrt{1-0.733^2}} = 4.572$$

この値と t 分布表($\alpha = 5\%$)を比べると,統計量のほうが大きいので "相関がある" ことになります.

判　定　$|t_0| = |4.572| = 4.572 \geq t(20-2,\ 0.05) = 2.101$

散布図から主要因の検証を行う

データ表

ID	POPの数	売上高
A001	4	157
A002	4	153
A003	4	145
A004	1	137
A005	4	136
A006	4	129
A007	2	129
A008	1	123
A009	4	120
A010	4	114
A011	3	109
A012	2	91
A013	1	86
A014	1	71
A015	2	70
A016	1	61
A017	1	59
A018	1	57
A019	1	43
A020	1	42

散布図

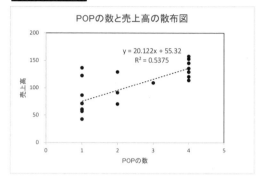

POPの数と売上高の散布図

y = 20.122x + 55.32
R² = 0.5375

無相関の検定

$$|t_0| = \left| \frac{r\sqrt{n-2}}{\sqrt{1-r^2}} \right| = \left| \frac{0.733 \times \sqrt{20-2}}{\sqrt{1-0.733^2}} \right| = 4.572 > t(18, 0.05) = 2.101$$

●相関係数＝0.733

●有意水準5％で正の相関がある

図2.28　無相関の検定を行った例

(6)　要因から結果を予測する回帰分析

1)　回帰分析とは

　説明変数 x のいくつかの値で観測された目的変数の値 y について，この x と y の母平均との間に成り立つ関数関係を直線で表される関係を分析するのが回帰分析です（**図 2.29**）．

　回帰分析の解析手順は，次のとおりです．

手順 1. 回帰母数 β_0，β_1 を最小二乗法により推定する．

手順 2. 回帰式の有意性を検討する．

手順 3. 回帰係数の有意性を検討する．

手順 4. 寄与率を求めて，得られた回帰式の性能を評価する．

手順 5. 残差の検討を行い，得られた回帰式の妥当性を検討する．

　結果と要因に相関があれば，回帰直線を引くことによって，要因の値から結果の予測値を求めることができます．これが回帰式です．

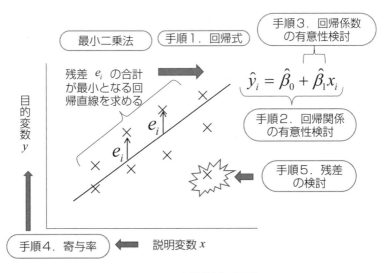

図 2.29　回帰分析の概要

$$\text{回帰式：}(y \text{ の予測値}) = (\text{切片}) + (\text{回帰係数}) \times (x \text{ の値})$$
$$= \hat{y}_i = \hat{\beta}_0 + \hat{\beta}_1 x_i$$

提案状況の評価点が売上に効くということは，散布図を書いて相関係数を計算してわかりました．しかし，どれくらいの提案状況の評価点にすれば売上高の目標を達成できるのか知りたい場合，散布図から回帰直線を引きます．

散布図の点の中央に直線を引きます．ちょうど焼き鳥のつくねが落ちないように串を刺す要領です．回帰直線は，散布図を書いたときの提案状況の評価点と売上高のデータ表から，提案状況評価点の平方和と提案状況評価点と売上高の積和から求めます．条件として，この直線は提案状況評価点と売上高の平均値を通ることになります（**図2.30**）．

2つの特性値間に相関が認められれば，横軸に要因系データ，縦軸に結果系データ設定した散布図から，直線の回帰式を引くことができます．この回帰式は，最小二乗法で直線の式として求めます．

この回帰式から，ある要因の値から結果を予測することができます．

要因となる特性値が2つ以上考える場合は，重回帰分析を行います．

図2.30の散布図から求めた回帰直線は，以下になります．

提案状況と売上高のデータ表

店舗	提案状況	売上高
A店	1.83	107
B店	5.00	122
C店	1.92	90
D店	3.42	112
E店	2.75	104
F店	1.00	91

提案状況と売上高の散布図

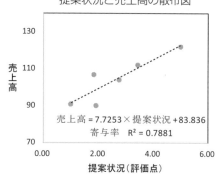

売上高 = 7.7253 × 提案状況 + 83.836
寄与率　$R^2 = 0.7881$

図2.30　提案状況と売上高の回帰直線

売上高 $\hat{y}_i = 83.836 + 7.7253x_i$　（提案状況の評価点）

この式に，$x = 3$ と $x = 4$ のときの $\hat{y}$ を求めると，

$x = 3$ のとき，$\hat{y}_i = 83.836 + 7.7253 \times 3 = 107.01$

$x = 4$ のとき，$\hat{y}_i = 83.836 + 7.7253 \times 4 = 114.74$

となります．提案状況のランクを１つ上げると売上高が1.07倍となる，すなわち7％の売上増加が見込めることになることが予想されます．

2) 回帰直線の計算

　２つの特性値が要因と結果の関係にあり，「相関がある」と判断されたとき，要因 x の値における結果 y の直線的な関係を示したのが，回帰直線です．前述の表2.2の食品売場面積 (x) と売上高 (y) について，回帰直線を求めると，次のとおりとなります．

　回帰直線は平均値 $\bar{x}$ と平均値 $\bar{y}$ の点を通る直線です．

$$x \text{ の平均値 } \bar{x} = \frac{\sum x_i}{n} = \frac{307}{10} = 30.7$$

$$y \text{ の平均値 } \bar{y} = \frac{\sum y_i}{n} = \frac{201.9}{10} = 20.19$$

　次に，回帰直線は，$\hat{y}_i = \hat{\beta}_0 + \hat{\beta}_1 x_i$ の式で表されます．この $\hat{\beta}_0, \hat{\beta}_1$ を求めるには，x の平方和ならびに x と y の積和から計算します．

x の平方和 $S_{xx} = 1646.1$　　　x と y の積和 $S_{xy} = 571.17$

したがって，回帰式は次のとおりとなります．

回帰係数の計算　$\hat{\beta}_1 = \dfrac{S_{xy}}{S_{xx}} = \dfrac{571.17}{1646.1} = 0.347$

$\hat{\beta}_0 = \bar{y} - \hat{\beta}_1 \bar{x} = 20.19 - 0.347 \times 30.7 = 9.573$

回帰式　売上高　$y_i = 9.537 + 0.347 \times (\text{食品売場面積}) x_i$

　上記の式から求められる回帰式を散布図上に引いたのが，**図 2.31** です．

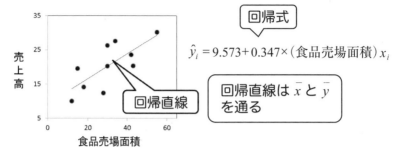

図 2.31　回帰直線を記入した散布図

3)　寄与率から結果への影響を評価

　p.91 で述べた寄与率は，結果を生み出すのに影響する割合でした．そして，この寄与率を求めるには，"相関係数の2乗"を計算しました．

$$(寄与率)\ R^2 = r^2 = (相関係数)^2$$

　食品売場面積が売上高に効くことはわかりましたが，食品売場面積が売上高にどれくらい役立っているのかは，寄与率から推定します．結果に対しては，いろいろな要素が影響します．当然，売上高も食品売場面積以外に提案の状態や契約単価など多数の要素から影響を受けているはずです．そのうち，食品売場面積の影響する度合いを示す指標が，寄与率です．

　売上高に対する食品売場面積の寄与率は，相関係数が $r = 0.673$ なので，寄与率 $R^2 = 0.453$ となり，売上高に 45% 寄与していることになります．言い換えれば，他の要因は 55% ということになります．

　また，寄与率は，次式でも表せます．

$$寄与率\ R^2 = \frac{S_R}{S_{yy}} = 1 - \frac{S_e}{S_{yy}}$$

　したがって，R^2 は x と y の相関係数 r_{xy} と次の関係があります．

$$R^2 = \frac{S_R}{S_{yy}} = \frac{S_{xy}^2/S_{xx}}{S_{yy}} = \left(\frac{S_{xy}}{\sqrt{S_{xx}S_{yy}}}\right)^2 = r_{xy}^2$$

寄与率 R^2 は，「全変動 S_{yy} のうち回帰によって説明できる変動 S_R の割合」であり，1 に近いほど求めた回帰式が成り立ちます．p.105 の計算結果，$S_{xy} = 571.17$，$S_{yy} = 436.969$ より，$\hat{\beta}_1 = 0.347$ なので，

回帰によって説明できる変動 $S_R = \hat{\beta}_1 S_{yy} = 0.347 \times 571.17 = 198.196$

寄与率 $R^2 = \dfrac{S_R}{S_{yy}} = \dfrac{198.196}{436.969} = 0.4536$

となります．

寄与率が 50% 以上あれば，対象となる要因が結果に影響する最大の要因であることがわかります．寄与率が 50% 以下なら，他に大きな要因が見落とされている可能性があります（**図 2.32**）.

4)　Excel による回帰直線の作図

散布図から回帰直線（Excel では，近似直線と表記）を引く手順は，次

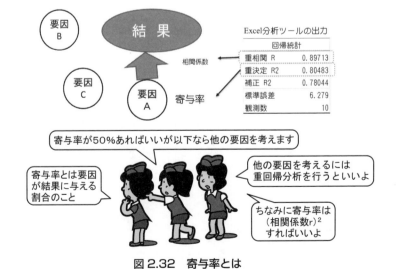

図 2.32　寄与率とは

のとおりです（図 2.33）.

手順1. 近似曲線を引く準備

「点」をクリックし，右クリックし，「近似曲線の追加（R）」をクリックします（図 2.35）.

手順2. 近似曲線の設定

① 「近似曲線の書式設定」の「近似曲線のオプション」画面上で，「線形近似（L）」にチェックマークを入れます.

② 「□グラフに数式を表示する（E）」と「□グラフにR-2乗値を表示する（R）」にチェックマークを入れます.「閉じる」をクリックします.これで近似直線が引けます.

手順3. 回帰直線の入った散布図の完成（図 2.34, 図 2.35）

回帰式：食品売場面積から売上金額が予測できます.

寄与率：食品売場面積が売上金額に与える影響の割合を示します.

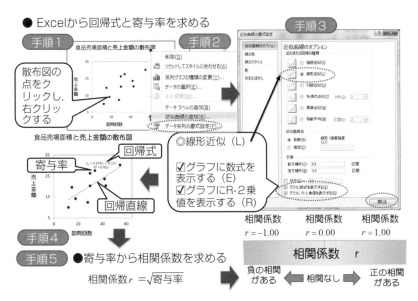

図 2.33 Excel で散布図から回帰式と相関係数を求める

2章

営業・サービス活動の問題・課題解決4ステップ

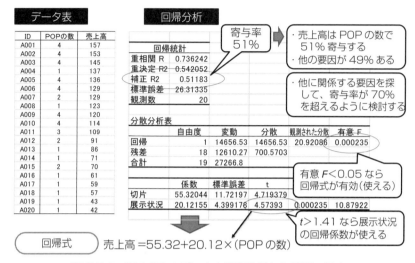

図 2.34　図 2.28 のデータを回帰分析した結果の見方

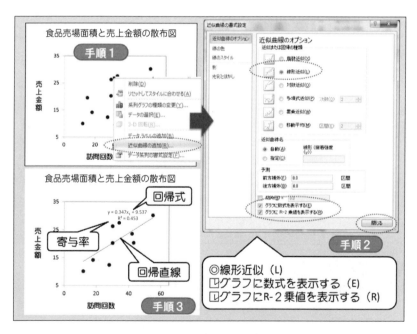

図 2.35　散布図に回帰直線を引く

(7)　複数要因から結果を予測する重回帰分析

1)　重回帰分析

　重回帰分析とは，複数の要因から1つの結果を推測する方法です．例えば，「コンビニの売上」に対して，さまざまな要因：面積，接客態度，立地，明るさなどとの関係度合を偏回帰係数などで調べていく方法です．

　図2.36の調査結果から，何に取り組めば売上を上げられるのか考えるとき，売上を目的に重回帰分析します．解析方法は難しいですが，パソコンのExcelを使えば簡単に答えを出してくれます．

2)　Excelによる重回帰分析

　Excelで重回帰分析を行う手順は，次のとおりです（図2.37参照）．

手順1．データ表の作成

　結果と要因のデータ表を作成します．

手順2．分析ツールの起動

　Excelの「データ」タブ→「データ分析」で分析ツールを起動します．

手順3．回帰分析の選択

　「分析ツール（A）」画面の「回帰分析」を選択します．

手順4．「回帰分析」諸元の入力

売上高	面積	接客態度	立地条件	明るさ
636	240	4.49	4.34	3.95
453	221	4.14	3.47	3.76
691	249	4.82	4.38	2.87
554	210	4.19	3.88	4.58
438	189	3.83	3.42	3.34
528	202	3.73	3.97	4.57
393	178	3.47	3.35	4.35
513	258	3.66	3.75	3.86
583	191	4.08	4.12	3.69
377	207	3.27	3.36	3.80

$$(売上金額)=\hat{\beta}_0+\hat{\beta}_1\times(面積)+\hat{\beta}_2\times(接客態度)+\hat{\beta}_3\times(立地条件)+\hat{\beta}_4\times(明るさ)$$

図2.36　コンビニ評価と売上高のデータ表

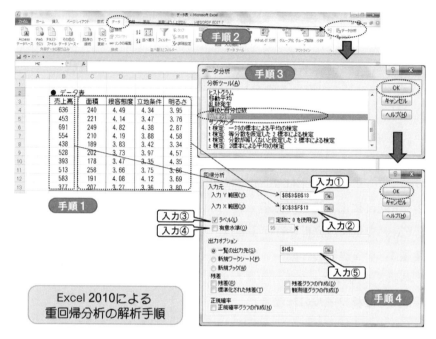

図2.37　Excel 2010 による重回帰分析の解析手順

入力①　入力 Y 範囲(Y)：結果データをラベルも含めて入力

入力②　入力 X 範囲(X)：要因データをラベルも含めて入力

入力③　「ラベル(L)」：チェックマークを入力

入力④　「有意水準(O)」：そのままにします.

入力⑤　出力先(O)：結果を出力する「左上のセル」を入力

　図2.38 の結果から，次のことがわかります.「重相関 R 」=0.99)は，「売上高」と「面積」から「明るさ」までの要因群との相関係数です. この重相関係数の2乗が寄与率(「重決定 R2」= 0.99)であり，目的である「売上高」を，「面積」,「接客態度」,「立地条件」,「明るさ」の4項目で99%説明できることになります. ただし，重回帰分析の場合，要因間に重複する要素があるため，次の自由度調整済寄与率(「補正 R2」

2章

営業・サービス活動の問題・課題解決4ステップ

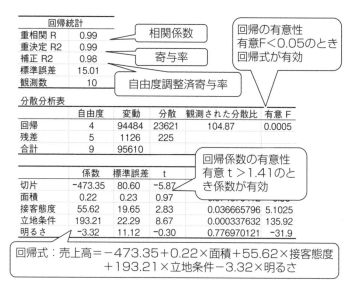

図2.38　コンビニの売上に対する重回帰分析の結果

= 0.98)を使います．ここでは補正 R2 = 98％となります．

　次に，分散分析表の「有意 F」の値から，求めた重回帰式が意味ある
ものかどうかを評価します．ここでは，「有意 F」= 5E-05 ＜ 0.05（有意
水準5％の場合）であり，求めた重回帰式は有意となります．

　「係数」の欄の数字から，重回帰式を書き出したのが次の式です．

$$回帰式：(売上高) = -473.35 + 0.22 \times (面積) + 55.62 \times (接客$$
$$態度) + 193.21 \times (立地条件) - 3.32 \times (明るさ)$$

3)　結果の精度を上げる変数選択

　この式から4つの要因に対しての売上高を予測することもできます
が，係数の2つ右にある「t値」が小さいと式がぼやけてしまうため，
係数の「t値」が1.41より小さい要因を外して，もう一度重回帰分析を
行った方が精度がよくなります．これを「変数選択」といい，精度の悪
い要因を外して，解析の精度を上げる方法です．

　寄与率R^2は，そのままだと要因の数が増えるほど1（100％）に近づく

性質をもっているので，それを補正する自由度調整済寄与率（補正 R^2）を用いることを述べました．コンビニの売上高の Excel 分析ツールの出力では，寄与率（重決定 R^2）は 0.99，自由度調整済寄与率（補正 R^2）は 0.98 となり，要因の数の影響を調整した自由度調整済寄与率のほうが寄与率に比べて小さくなっていることがわかります（**図 2.39**）．

変数選択後の重回帰分析（**図 2.40**）から，売上高を上げるためには，「接客態度」と「立地条件」が重要な要因だということがわかりました．

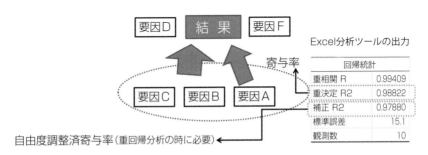

図 2.39　自由度調整済級寄与率とは

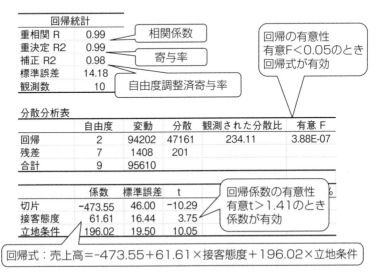

図 2.40　変数選択後の重回帰分析の結果

(8) 重要改善項目を引き出すポートフォリオ分析

1) ポートフォリオ分析とは

　ポートフォリオ分析は，アンケート調査から得られた各回答項目について，「要因系指標の結果系指標への影響度」と「要因系指標の平均値」を散布図に表し，4つの領域に分けることによって，各領域に位置する要因系指標を評価する方法です．

　アンケートの結果から，まず重回帰分析を行い，標準偏回帰係数を計算します．重回帰で計算した係数は偏回帰係数というもので，各指標の単位が異なることも考えられます．したがって，重回帰分析から要因系指標の結果系指標への影響度を見るには，標準化したデータ（平均0，標準偏差1）から重回帰分析を行い，求めた偏回帰係数を使います．この偏回帰係数を標準偏回帰係数といいます（**図2.41**）．

　ポートフォリオ分析を行った結果から，顧客満足度に強い影響がある項目に，「電話応対」，「社員の明るさ」が挙げられ，この2項目は，平均値が他より低いことから，改善を要することがわかりました（**図2.42**）．

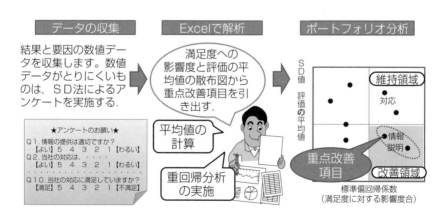

図2.41　ポートフォリオ分析の概要

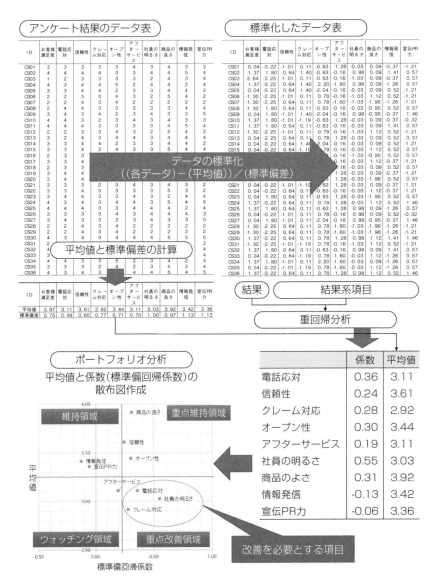

図 2.42　ポートフォリオ分析による重点改善項目の抽出

　図 2.43 では，お店に来られたお客様の満足度を確認するためにアンケートを実施しました．その結果をポートフォリオ分析を行いました．重点改善項目に「店内」，「設備」が挙げられました．

　そこで，「店内」，「設備」を改善すべく検討することにしました．

現状把握②お客様満足度の確認

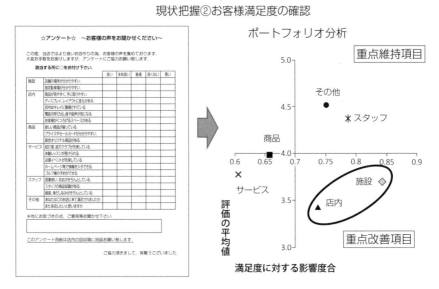

図 2.43　お客様満足度から重点実施項目を引き出したポートフォリオ分析

(9)　強み・弱みを引き出す SWOT 分析

1)　SWOT 分析とは

　SWOT 分析とは，自社の商品やブランド力，さらには品質や価格といった内部環境と，競合や市場トレンドといった外部環境を「強み(Strength)」，「弱み(Weakness)」，「機会(Opportunity)」，「脅威(Threat)」の４つの要素に分類し，最適な事業戦略を検討するための方法です．

　①　強み(Strength)：企業の内部環境において，目標達成に貢献すると考えられる特質．

　②　弱み(Weakness)：企業の内部環境において，目標達成の障害となると考えられる特質．

　③　機会(Opportunity)：外部環境において，目標達成に貢献すると考えられる特質．

　④　脅威(Threat)：外部環境において，目標達成の障害となると考えられる特質．

2)　SWOT 分析の活用例

　ある経営者が，自身の営業力について SWOT 分析を行いました．その結果，次のようになりました(**図 2.44**)．

　以上の結果から「強みを活かし」，「弱みを改善し」，「機会を利用し」，

強み	・商品力 ・提案力 ・効果的なイベントの開催 ・効果的な商談　　など	・売れる環境 ・チャンス ・有効なネットワーク ・データマイニングの結果　　など	機会
弱み	・自社の営業活動の不備 ・訪問頻度や状況 ・提案レベル ・取引先の対応　　など	・他社の開発動向 ・他社の営業戦略 ・お客様の嗜好の変化 ・規制緩和，法規制　　など	脅威

図 2.44　ある会社の営業力における SWOT 分析

「脅威を克服する」対策を考えることとしました.

　図 2.45 では，自社商品の SWOT 分析を行い，その結果から強味を生かし，弱味を改善することにしました.

強み S	○ 他社に比べて資金力がある ○ 他社に比べてセールスが多い ○ 高い技術をもっている ○ SA，BM といったフィールド意識を持っている ○ 企業提案のネタを豊富にもっている ○ 売価で下回る ○ 商品部ラウンドでパウチ商品を持っている ○ 過去の商品ブランドの認識度が高い ○ 自社は清酒 No.2 メーカーである	機会 O	○ 消費増税による消費者節約志向 ○ ネットスーパーの伸長 ○ 和食のユネスコ無形文化遺産登録 ○ 清酒乾杯条例 ○ 来日外国人の増加 ○ 高齢者のビール離れ ○ 海外市場における日本食ブーム
弱み W	• 自社商品のスーパーにおける掲載回数が減っている • スーパーの目立つ場所で自社商品の陳列が減ってきている • テレビコマーシャルが減ってきている • 自社の酒質・味わいのよさを消費者にアピールできていない	脅威 T	• 他社商品の売価差が縮まってきている • 他社商品の売価が下がってきている • 清酒の消費が全体的に落ち込んでいる • スーパー・ディスカウントショップでの他社チラシ掲載が増えてきている

図 2.45　酒造メーカーの SWOT 分析

2.3　ステップ3　対策の見える化

（1）　有効な対策を行動する手順

　ここでは，特定された主要因を解消し，目標を達成する対策を立案します（図 **2.46**）．

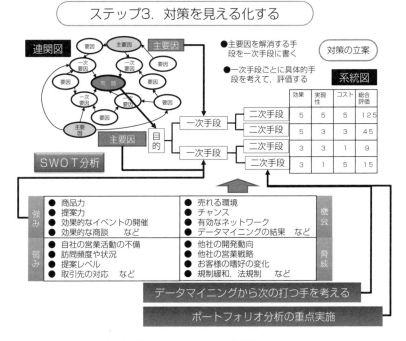

図2.46　ステップ3の全体像

（2）　最適策を立案する系統図法

1）　系統図法とは

　系統図法は，ある達成したい目的を果たすための手段を複数考え，さらにその手段を目的ととらえ直して，その目的を達成するための手段を考えます．しかし，その手段がまだ具体的に手の打てる手段でない場合には，さらにその手段を目的として，その目的を達成するための手段を考ます．このように，系統図は，目的を達成するための手段を多段的に展開し，具体的に実行可能な手段まで展開する方法です．

　ここで，系統図で営業力の強化を検討した例を紹介します（**図 2.47**，**図 2.48**）．最近，売上が落ち込んできたので，営業力を強化して，売上を向上させる施策を策定することにしました．

2）　系統図の作成手順

　系統図は，達成したい目的を果たすための手段を順次展開し，多くの具体的な手段を展開していきます．手段の展開においては，いきなり具

目　的

「売上増につながる営業
　活動を行う」

・蓄積したノウハウを使う
・弱みを克服する
・新規市場を開拓する

系統図とは，達成すべき目標に対する対策を多段階に展開することで，具体的に手が打てる対策を得る手法である。

対策系統図の作成手順
手順１．達成すべき目的と制約条件
　　　を決める（目的の設定）
手順２．目的に対する一次手段を設
　　　定する（一次手段の展開）
手順３．具体的手段へ展開する
　　　（手段の展開）

図 2.47　系統図とは

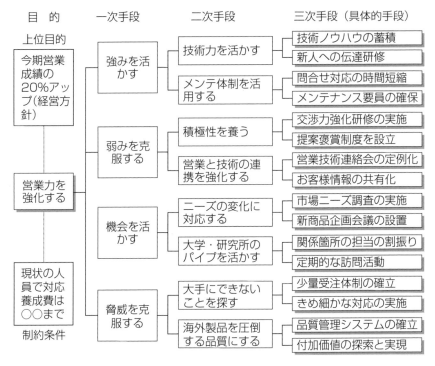

図 2.48　本例の系統図

体的な手段を出すのではなく，１目的に対して，２〜３手段で末広がり
になるように発想していきます．

　系統図を作図する手順は，次のとおりです．

手順1　達成すべき目的を決める

　目的は，解決したい問題や達成すべき課題から，「○○を○○する」
というように，具体的に表現していきます．

　手段を展開するに当たって，目的が出てきた背景やねらい，状況など
を明確にして，関係者に周知します．また，必要に応じて制約条件につ
いて確認します．目的を達成していく過程で，経済的な面，マンパワー
の面，工数の面で，制約条件がないか確認します．

2章

　系統図の目的としては，売上拡大のための手段の展開，満足度を向上させるための手段の展開，方針管理における手段の展開，不具合改善策の手段の展開などが挙げられます．

　図2.49では，最近，売上が落ち込んできたので，「売上増につながる営業活動を行う」施策を系統図で策定することにしました．

手順2　一次手段を考える

　達成したい目的に対して，一次手段を考えます．一次手段は，目的をいくつかの着眼点に分けることがポイントです．問題を構成する要素を層別して，それぞれを代表する事象とします．一次手段の数は基本目的の大きさにもよるが，2〜5つ程度を一応の目安とします．一次手段は，具体的な手段を書くのではなく，目的を達成するための考え方的な内容を漏れなく書いていきます．

　図2.50では，目的を「販売力を強化する」と設定し，一次手段に「強みを活かす」，「弱みを克服する」，「機会を活かす」，「脅威を克服する」の4つを設定しました．

上位目的

売上高の20%アップ
（経営方針）

目的

売上増につながる営業活動を行う

制約条件

営業活動費用は予算内とする

コンセプト

　毎年転入してくる新人が，3カ月で営業スタッフとして一人前に仕事ができる仕組みを構築する．
　見やすい「営業活動マニュアル」や「商品カタログ」があり，素人でも見てわかるものがある．
　お客様との交渉プロセスで，不測事態が生じたとき，すぐに聞ける職場であり，対応マニュアルが整備されていること．

図2.49　目的と制約条件の設定

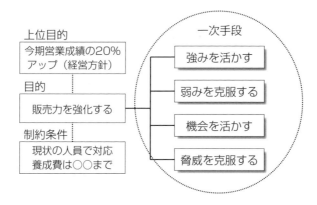

図2.50　一次手段の設定

手順3　二次手段以降の手段を展開する

　一次手段を目的として，この目的を果たすための手段，すなわち二次手段を考えます．さらに，二次手段を目的として三次手段，三次手段を目的として四次手段と展開していきます．

　二次手段，三次手段，四次手段と下位の手段に展開するほど，より具体的な手段となるように表現します．目的の大きさにもよりますが，通常，三次～四次手段程度まで展開します(**図 2.51**).

手順4　全体をチェックし，系統図を仕上げる

　手順3で行った目的－手段展開において，「抜け」，「落ち」がないかチェックを行い，手段の追加や修正を行います．そのとき，「その目的を果たすための手段は，これで十分か？」などと自問自答し，関係者に問いかけてみます．そこで気づいたことがあれば，系統図に記入します．最終的には，系統図は「末広がり」になっていれば完成です．

　図2.52は，一次手段ごとに，二次手段，さらに三次手段と展開し，16項目の具体的手段を展開しています．例えば，「強みを活かす」という一次手段から，「技術力を活かす」と「メンテ体制を活かす」の2つの二次手段を展開しています．さらに，「技術力を活かす」二次手段に

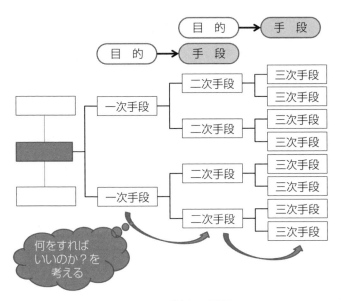

図 2.51　系統図の展開

対して、「技術ノウハウの蓄積」、「新人への伝達研修」の2つの三次手段を出しています.

（3）　効果重視で最適策を選定する

　達成すべき目標に対する方策を多段階に展開し、具体的な方策案を系統図で引き出し、マトリックス図で評価を行うことで最適策を選び出す方法があります.

　図 2.53 に示すように、多くの方策案の中から、目標を達成するために有効な方策を選定します. このときの評価は、一般的に「効果」、「実現性」、「コスト」で行います.

　① 　効　果：目標値をどれだけ達成できるのかを評価する

　② 　実現性：技術、マンパワーから見て、実施可能かどうかを評価する

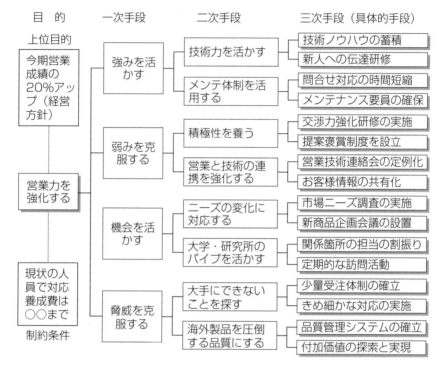

図 2.52　具体的手段を展開した系統図（図 2.48 を再掲）

③　コスト：その方策を実施するのにどの程度費用がかかるのかを評
　　　価する

④　総合点：「効果」×「実現性」×「コスト」で評価する

　上記①〜③について，項目ごとに３段階で評価します．評価点を３段
階に分けるときは，評価項目ごとに評価基準を明らかにしておきます．

　実行する方策を選定するとき，単純にかけ算の総合点で判断しないこ
とが重要です．効果重視の考え方を実行方策選定評価に取り入れます．
具体的には，まず「効果」で評価します．効果が「5」の方策を取り上
げます．評価「1」は，除外します．効果が「3」の方策は，一応選定候
補に入れておきます．

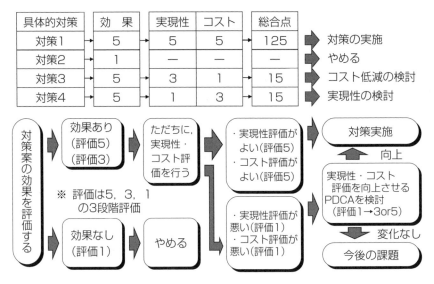

図2.53　効果重視の最適策の抽出

　取り上げた効果「5」と「3」の方策について，「実現性」と「コスト」の評価を行います．ここで，実現性「5」，コスト「5」の方策は実行します．効果が「5」でありながら，コストや実現性評価が低いために採用できなかった対策は，総合点が低いからといって捨て去るのではなく，むしろ「宝の山」であると考え，コストダウンや実現性を高めるための検討を行って，評価点が上がれば実行します．もし，検討後もよくならなければ，今後の課題として記録しておくのも一つの方法です．

　図2.54は，最適策を評価した一例です．

評価基準			よい	普通	わるい	評　価			改善方向性
			効　果	5	3	1	効	実	コ	
			実現性	5	3	1		現	ス	評　価
			コスト	5	3	1	果	性	ト	
営業力を強化する	強みを活かす	技術力を活かす	技術ノウハウの蓄積				5	1	3	しくみの検討
			新人への伝達研修				5	5	5	実施
		メンテ体制を活用する	問合せ対応の時間短縮				3	3	5	再検討方策の
			メンテナンス要員の確保				5	3	1	コスト低減検討
	弱みを克服する	積極性を養う	交渉力強化研修の実施				5	5	5	実施
			提案褒賞制度を設立				3	3	3	方策の再検討
		営業と技術の連携を強化する	営業技術連絡会の定例化				5	5	5	実施
			お客様情報の共有化				3	3	1	方策の再検討
	機会を活かす	ニーズの変化に対応する	市場ニーズ調査の実施				3	1	1	方策の再検討
			新商品企画会議の設置				5	3	3	実施
		大学・研究所のパイプを活かす	関係箇所の担当の割振り				1	—	—	—
			定期的な訪問活動				3	3	5	方策の再検討
	脅威を克服する	大手にできないことを探す	少量受注体制の確立				5	3	1	コスト低減検討
			きめ細かな対応の実施				1	—	—	—
		海外製品を圧倒する品質にする	品質管理システムの確立				5	3	3	方策の再検討
			付加価値の探索と実現				3	3	1	コスト低減検討

図 2.54　最適策を評価した例

(4)　発想を手助けするブレーンストーミング法

1)　ジョハリの窓

人の意見に耳を傾け，自分の意見をみんなに話し，お互いが議論することによって，新たな発想が生まれます．発想の仕組みを考えるとき，「ジョハリの窓」という考え方があります．ジョハリの窓とは，自分と他人の知っている部分と知らない部分から４つの「窓」を設定し，順次窓を開いて新たな発想を引き起こそうというものです(**図 2.55**).

2)　ブレーンストーミング法

ブレーンストーミング法とは，複数の人たちが共同作業でアイデアを出していく集団発想法の１つです．1930 年代後半に米国の広告会社である BBDO 社の副社長だったアレックス・オズボーンが発案した手法で，歴史的に見ても集団による発想法を確立した意味合いは大きなものです．

具体的には，**図 2.56** に示すように，全員がお互いの顔が見えるようにします．その場では，記録したものが全員見えるようにします．車座

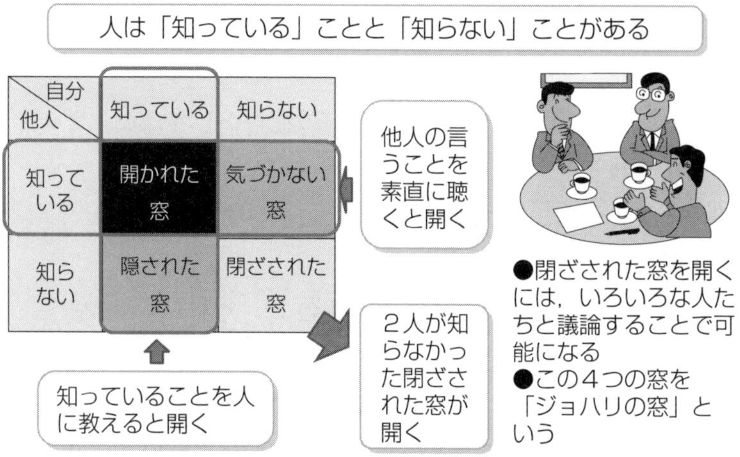

図 2.55　ジョハリの窓と発想を高める３つの行動

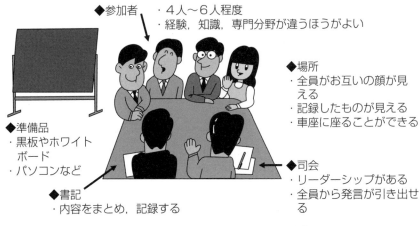

◆参加者　・4人～6人程度
　　　　　・経験，知識，専門分野が違うほうがよい

◆場所
・全員がお互いの顔が見える
・記録したものが見える
・車座に座ることができる

◆準備品
・黒板やホワイトボード
・パソコンなど

◆司会
・リーダーシップがある
・全員から発言が引き出せる

◆書記
・内容をまとめ，記録する

図2.56　ブレーンストーミングの形式

に座ることができる場所を設定します．参加者は，4～6名が適切であり，参加者の中から司会と書記を決めます．アイデアを出しているときは，ブレーンストーミングの4原則を守って多くのアイデアを出すことがポイントとなります．第1章で解説した653法も，このプレーンストーミングの変法です．

【ブレーンストーミングの4原則】

①　批判厳禁

出されたアイデアに対して，よい悪いの批判をしてはなりません．

②　自由奔放

あらゆる視点からアイデアを自由奔放に出します．

③　大量生産

アイデアの数が多ければ多いほど，質のよいアイデアが出ます．

④　結合・便乗

他の人のアイデアをヒントにして新しいアイデアを出します．他人への気兼ね，遠慮，思いやりなどが自由で奔放な発言を拒み，ブレーンストーミング法の効果を弱めてしまうことがあります．

(5) 次の一手を考えるデータマイニング

　モニタリングデータだけで販売戦略を組むと失敗することがあります. モニタリングの結果は, あくまで購買を伴わない仮想のデータであり, 本音が出ていない場合もあります. これを補うのが購買履歴データです. 購買履歴データは, 実際にお客様が買ったという事実が伴っているので, 購買履歴データから販売機会を見つけられます. これがデータマイニングです. このとき, 販売履歴データとセットに周辺の環境データを付けておけば, どういう環境のときに, どういった結果が得られるのかの予想が可能になります. 第1章で取り上げたビッグデータの解析手法は, データマイニングの手法として活用できます.

1) 売行き好調のはずのアイスクリームが?

　先月発売したアイスクリームの販売が好調です. それもそのはず, 今回の商品は, いつもより念入りに販売データを分析し, 売行き傾向のシミュレーションや, 街角での聞き取り調査, インターネットによるアンケートも実施しました. 想定できる調査はほぼ網羅したつもりです.

　商品開発も同様に, 原材料にこだわり, 国内だけでなく, 海外も視野にいれて探索しました. 成分やカロリーも検討を重ねました. パッケージも流行のデザイナーに依頼して斬新なものにしましたが, 急に売上が落ちてきました. 「なぜだ?!!!」

　答えは意外なところにありました. ある本によると, 気温が30度を超えると, 氷菓が売れるといわれています. この1週間の急激な気温の上昇により, 氷系のキャンディーが売れていたようです. そこで, アイスクリームの中に氷の粒を入れて, 名前も"氷の宝石箱"として販売すると, ロングセラー商品になりました.

2) 「おや!」と思うところに宝が眠っている

　とあるコンビニでのお話.「今日は大変だったのよ. いつも買いに来てくれる学生さんから, お弁当はないですか? と聞かれて, 棚を見てみ

ると何もなかったの．次の納品は 10 時ごろだし，学生さんは，それでは間に合わないといって，しかたなくパンと牛乳を買って行かれたわ．」

　そして，１週間が経った木曜日の朝に，またお弁当が売り切れるという事件（？）が起こりました．「なぜなんだ？」そこで店長はお弁当の売上データを見てみました．すると，木曜日だけ，それも６時から８時の間にたくさんのお弁当が売れていました．

　そこで，次の木曜日にはいつもの倍のお弁当を注文し，買いやすいように入り口近くのテーブルに積み上げ，ペットボトルのお茶も横に並べました．そして，店長自らレジに立ち，お弁当を買っていく人たちに理由を聞いた結果，ある女性からこんなお話を聞くことができました．「私の会社，この近くなのですが，先月から急に食堂が木曜日だけ定休日になってしまったんです．そこで，お弁当を買うことにしたんです．」なるほど，と店長は納得し，木曜日には多めのお弁当を仕入れることにしました（図 2.57）．

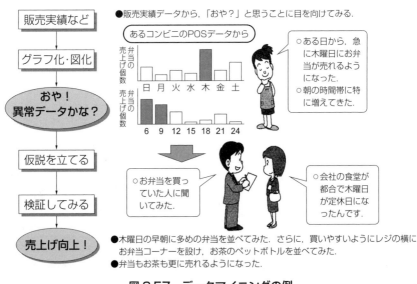

図 2.57　データマイニングの例

(6) ベンチマーキングによる発想

ベンチマーキングとは，ある分野で極めて高い業績を上げているといわれている対象と自らを比較しながら，自ら仕事のやり方(業務プロセス)を変えていこうとする改善・改革活動をいいます．

ベンチマーキングの実施手順は，次のとおりです．

手順1. 何をベンチマーキングするか決定する

手順2. 情報をどうやって収集するか計画する

手順3. どの企業の何がベスト・プラクティスかを決定する

手順4. 自所の業務プロセスを分析し，問題点を整理する

手順5. 綿密な調査計画を立て，調査を実施する

手順6. 他社から何を教訓として学び取れるかを整理する

ベンチマークの語源は，土木建築における高低測量の基準となる印(ベンチマーク)からきています．

ベンチマーキングの種類には，「社内ベンチマーキング」，「競合ベンチマーキング」，「異業種ベンチマーキング」などがあります．「社内ベンチマーキング」のほうが調査や情報のオープン性から見ると簡単ですが，異業種ベンチマーキングに行くほど，困難さは大きいが，逆に画期的なヒントを得る機会が増えていきます．

ベンチマーキングを実施する時の留意点は，次のとおりです．

① 相手のコピーをしないこと

② 簡単な手直しをしないこと

③ アイデアの盗作をしないこと

④ 単なる数値を比較しないこと

⑤ 観察旅行にならないようにすること

図2.58は，あるショップでお客様から聞かれたことに対して，答えられない，あるいは，少し時間をいただいて調べた結果，お客様から「早くしてよ」と言われたことがたびたびありました．

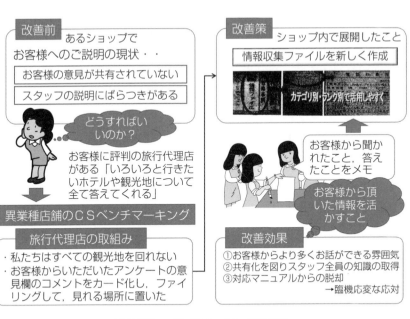

図2.58　ベンチマーキングの事例

　お客様に評判の旅行代理店があり「いろいろと行きたいホテルや観光地についてすべて答えてくれる」とのことでした．そこで，異業種店舗のCSベンチマーキングを行い調査を開始しました．その旅行代理店では，スタッフ方から「私たちはすべての観光地を回れない，お客様からいただいたアンケートの意見欄のコメントをカード化し，ファイリングして，見られる場所に置いた」とのことでした．

　このショップ内で展開したことは，お客様から聞かれたこと，答えたことをメモに記載し，お客様からいただいた情報を活かすことを考えました．結果として，お客様の問合せに即対応ができるようになりました．

■2.4　ステップ4　実用化の見える化

(1)　実用化を見える化する手順

　ステップ4は，目標を達成したかのアウトプット評価と，何か悪さが出ていないかといった副作用のチェック，それに業績評価のアウトカム評価を行います（図2.59）．

　一般的には，アウトプット評価と副作用のチェックで問題解決の効果を確認して活動を終えます．さらに，アウトカム評価を行うことによって，業績への寄与度がわかれば，今回取り組んだ問題を本当の意味で打破できたかどうかを確認することができます．

　アウトカム評価は，アウトプット評価である項目を横軸に，業績デー

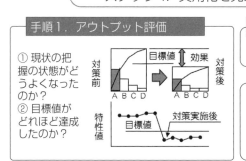

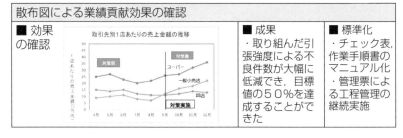

図2.59　ステップ4の全体像

タを縦軸にとった散布図を書いたとき，右肩上がりの傾向が見られれば，業績向上に寄与しているものと評価することができます．さらに解析から業績評価を行う方法として，前述の重回帰分析やポートフォリオ分析などが活用できます．

　前節で選定した実施対策ごとに，「いつまでに」，「誰が」，「どのレベルまで」を設定し，具体的な実施内容を検討して，実行計画書を作成します．

　作成された実行計画書どおり，対策を実施し，各対策が"到達レベルに達したのかどうか"を確認します．もし，到達レベルに達しなければ，対策内容の改善を行い，再度実施します．

　図 2.60 では，3つの対策に対し，「いつまでに，誰が，どのような内容で，どのレベルまで達成させるのか」を設定しています．例えば，対策①の「移動什器や吊り下げ什器を活用する」では，「11月末までに，全員が，来店客数上位店30店に対し，店舗担当者と交渉し，什器利用店舗を 10 → 20/30 店に引き上げる」としています．

対策No.	実施対策	いつまで	誰が	内容	達成レベル
①	移動什器や吊り下げ什器を活用する	11月末	全員	来店客上位店30店に対し，店舗担当者と交渉する	什器利用店舗を10→20／30店に引き上げる
②	販計に毎回○○商品を提案する	9月末	全員	商談前に提案内容の事前チェックを行う	全管理企業で実施
③	飲み方提案ツールの設置	10月末	全員・SA・FM	本社作成のツールをSA，FMと共同で設置する	巡回店全店に設置

図 2.60　対策の実施計画書

（2）　PDPC 法による確実な対策の実施

　例えば，アポイントを取る段階では，そもそもアポイントがとれない
ケースもあります．提案物件を受け入れていただく段階では，性能，納
期やコストのあらゆる面で納得いただけないと契約につながりません．
このような事態に対応して，過去の経験から事前に適切な打開策を考え
ることによって，難しいと思われた契約も取り付けることができます．

　関係者が集まり，契約成立のための行動を洗い出しました（図 **2.61**）．

手順 1. 営業活動を実施し，PDPC へ記入する

**手順 2. １カ月間，実際にたどった経路を記入し，新たな不測事態に
　　　　　対して打ち出した打開策などを追加する**

手順 3. その結果を整理してマニュアルを作成する

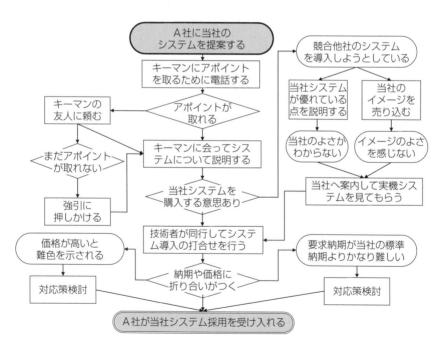

図 2.61　営業戦略を計画した PDPC

(3) 比較することでわかる対策の効果

効果を確認する手順は,

手順1. 対策を予定どおり実行できたか

手順2. 主要因が解消できたか

手順3. 目標を達成したか

であり, 各手順で問題があれば, 改善活動の該当プロセスに戻って再検討を行います. 概略は, **図2.62** のとおりです.

手順1.「対策を予定どおり実行できたか」で「YES」なら, 手順2へ進める(対策実施の評価と問題点抽出)

もし,「NO」なら, 対策を実行できない原因を考えて, 実行可能なら再度実行します.

図2.63 では, 3つの対策の計画(P), 実行(D)を行い, チェック(C)を行い, 先に設定した「対策の達成レベル」を満たせば次の手順へ進めます. もし達成していなければ,「問題点」を抽出し, 対策実施方法や対策内容の再検討を行い, 再度実施します. ここでは, 対策①と対策②は成果があったが, 対策③は「設置率が70%」と未達であったことか

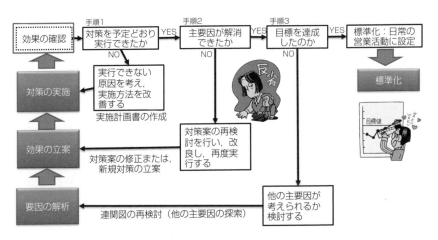

図2.62 効果の確認とフィードバックの概要

	P（計画）		D（実施）		C（チェック）		A（処置）
対策No.	実施対策	内容	実施内容	成果	問題点		改良
①	移動什器や吊り下げ什器を活用する	来店客数上位店30店に対し、店舗担当者と交渉する。	11月10日～25日上位店30店の店舗担当者へ提案	什器利用店舗24店確保（成果有）	－		－
②	販計に毎回〇〇商品を提案する	商談前に提案内容の事前チェックを行う	9月1日から実施	全管理企業で実施	－		－
③	飲み方提案ツールの設置	本社作成のツールをSA，FMと共同で設置する	10月1日～20日までに全店巡回し，商談	設置率70％（未達）	設置スペースに問題があった		店舗の設置スペースにあった提案をしてみる

図 2.63　対策実施の評価と問題点抽出

ら，問題点「設置スペース」について再検討を行っています．

手順2.「主要因が解消できたか」で「YES」なら，手順3へ行く

　もし，「NO」なら，対策の再検討を行い，対策を改良するか，新しい対策を策定し，実行します（図2.62）．

　例えば，主要因「有効な提案活動ができていない」に対して，提案のランク別に実施状況を対策前後で比較します（**図2.64**）．

手順3.「目標を達成したか」で「YES」なら，対策案をこれからの営業活動に取り入れられるよう，標準化を行う（図2.62）

　もし，「NO」なら，連関図に戻って，新たに取り組まなければならない主要因を抽出し，データ検証を行って，もう一度改善活動を行います．このとき，取り上げる主要因は，従来の連関図に書かれているもの

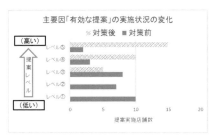

（提案レベル）
レベル①：訪問した折に口頭でお願い
レベル②：汎用的なパンフレットでお願い
レベル③：パンフレットと見本をもって提案
レベル④：相手に見合った提案書を作成して提案
レベル⑤：相手に見合った提案書と現物提示で提案

図 2.64　主要因の解消度の比較

もあるが，もう一度営業活動を振り返って，主要因の抜けがないかどうかの検討を行います．

　図 2.65 に示すように，目的が１店舗当たりの売上高の向上で目標値が 60 万円としたとき，改善前後の売上金額の折れ線グラフを書いて，目標値を達成したのかを確認します．

　また，取引先によって目標値の達成度にばらつきが予想されるなら，売上金額を取引先ごとに層別した折れ線グラフを書きます（**図 2.66**）．

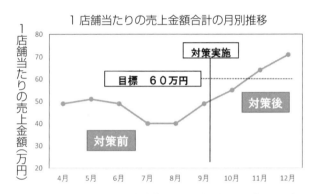

図 2.65　改善前後の売上金額の折れ線グラフで効果を確認

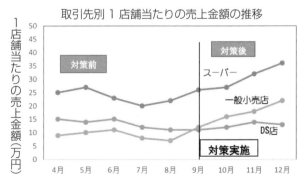

図 2.66　層別した折れ線グラフ

第3章

営業・サービス活動の
成功事例

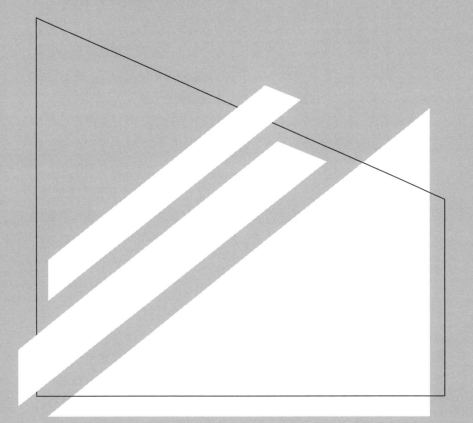

　本章では，営業・サービス活動の問題解決において，第1章，第2章で解説した手法や手順を用いて成功した事例を紹介します．

■3.1　ピボット分析と連関図法・系統図法の活用事例

　本事例は，小型コイルバネの製造販売会社S社の本社経営企画部が，全社の5,000社に及ぶお客様別売上高のデータベースをピボット分析することで問題を見える化し，その要因を見つけて対策実施して業績を回復した例です．

　ピボット分析の結果，全体では，本年度は昨年度よりも売上が伸びていたので，通常は，問題なしとするところですが，ピボット分析を進めることで，近畿営業所の顧客No.4202のお客様の「ねじりバネ」の売上が大幅にダウンしていることを発見したのです．近畿営業所以外の営業所では，「ねじりバネ」の売上はダウンしていなかったので，本社経営企画部は近畿営業所を訪問して，その原因を調査しました．

　近畿営業所の関係者を集めて，「なぜ顧客No.4202のお客様のねじりバネの売上が減少したのか」を，連関図法を用いて，その要因の見える化を行いました．その要因に対して，系統図法により近畿営業所がすぐに実施すべき対策を見える化しました．そして，対策を実施した結果，翌年度からは，顧客No.4202のお客様から以前と同じ売上に相当する注文をいただけるようになりました．同時に近畿営業所の体制も改善されました．

（1）　S社のお客様別売上高のピボット分析

　S社は，バネを受注製造・販売しているメーカーで，東北・北海道，関東，中部，近畿，中国・四国，九州のほぼ国内全域の自動車分野，作業工具分野，電気機器分野のお客様に，引張バネ，圧縮バネ，ねじりバ

ネを供給しています．売上高は約 650 億円で，営業所は，関東(本社)，中部，近畿，中国・四国，九州にあり，神奈川，愛知，岐阜，大阪，広島に製造工場をもっています．

S 社は，**表 3.1** のように，昨年度と本年度のお客様別(顧客 No.)に，顧客の地区，管轄営業所，バネの用途分野，バネ分類，製造工場の項目を設けて，年度月別の顧客別売上高のデータベースを所有しています．本社である関東営業所の経営企画部は，売上高についてピボット分析を行いました．その結果が**図 3.1** です．昨年度から本年度へと，S 社の売上高は順調に伸びており，通常は問題なしとするところですが，経営企画部はさらに分析を進めました．

まず，バネ商品の用途分野別年度売上高の推移を見ました．

表 3.1　S 社のお客様別売上高のデータベースの一部

年次	月	顧客No.	顧客の地区	管轄営業所	用途分野	バネ分類	製造工場	売上高(千円)
昨年度	1	4101	近畿	近畿	自動車	圧縮バネ	愛知	¥16,960
昨年度	1	4101	近畿	近畿	自動車	圧縮バネ	愛知	¥17,876
昨年度	1	4101	近畿	近畿	自動車	圧縮バネ	愛知	¥16,108
昨年度	1	4101	近畿	近畿	自動車	圧縮バネ	大阪	¥5,530
昨年度	1	4101	近畿	近畿	自動車	圧縮バネ	大阪	¥22,096
昨年度	1	4102	近畿	近畿	自動車	圧縮バネ	大阪	¥6,675
昨年度	1	4102	近畿	近畿	自動車	圧縮バネ	大阪	¥36,712
昨年度	1	4102	近畿	近畿	自動車	圧縮バネ	大阪	¥2,117
昨年度	1	4102	近畿	近畿	自動車	圧縮バネ	大阪	¥18,293
昨年度	1	2102	近畿	近畿	自動車	圧縮バネ	大阪	¥20,205
昨年度	1	2102	近畿	近畿	自動車	圧縮バネ	大阪	¥2,126
昨年度	1	2102	近畿	近畿	自動車	圧縮バネ	大阪	¥11,492
昨年度	1	4102	近畿	近畿	自動車	引張バネ	大阪	¥7,715
昨年度	1	4102	近畿	近畿	自動車	引張バネ	大阪	¥26,199
昨年度	1	4103	近畿	近畿	自動車	引張バネ	大阪	¥13,037
昨年度	1	4101	近畿	近畿	自動車	引張バネ	岐阜	¥36,449
昨年度	1	4101	近畿	近畿	自動車	引張バネ	岐阜	¥41,320
昨年度	1	4102	近畿	近畿	自動車	引張バネ	岐阜	¥15,666
昨年度	1	4102	近畿	近畿	自動車	引張バネ	岐阜	¥26,212
昨年度	1	4201	近畿	近畿	作業工具	ねじりバネ	岐阜	¥19,127
昨年度	1	4201	近畿	近畿	作業工具	ねじりバネ	岐阜	¥19,086
昨年度	1	2201	近畿	近畿	作業工具	ねじりバネ	岐阜	¥8,472

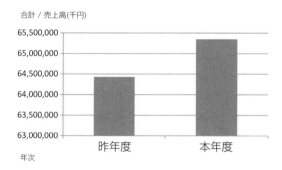

合計 / 売上高(千円)

図 3.1 S 社全体の売上高の年度推移

　図 3.2 の用途分野別の年度売上高の推移結果から，電気機器分野は伸びており，自動車分野は，ほぼ横ばいで，作業工具分野はやや落ち込んでいることがわかります．特に，作業工具分野のねじりバネに落ち込みが見られます．用途分野別に違いがあったので，用途別に年度月の時系列推移に何か変化があったかを折れ線グラフで確かめましたが，どの用

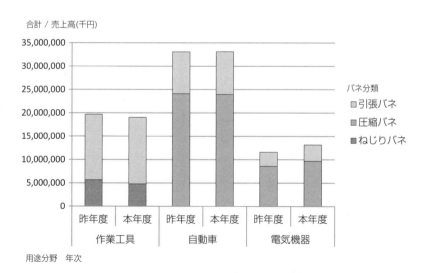

図 3.2　用途分野別バネ分類別年度売上高推移

途分野も同じような売上の時系列傾向でした（図示は省略）.

次に，営業所別の年度売上高推移を見ました．その結果が**図 3.3** です．図3.3 より，近畿営業所の売上高に少し落ち込みが見られます．そこで，近畿営業所に絞って分析を進めました.

近畿営業所のみでの用途分野別の売上高年度推移を見たのが**図 3.4** で

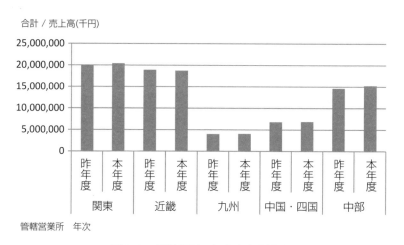

図 3.3　営業所別の年度売上高推移

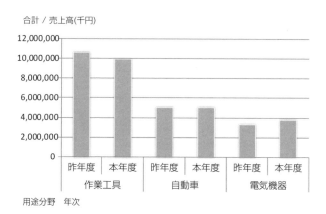

図 3.4　近畿営業所の用途分野別年度売上高推移

3章

営業・サービス活動の成功事例

す．図3.4から，近畿営業所では作業工具分野のみが売上高が下がっています．

　再び，作業工具分野に絞って営業所別の売上高推移を比較したのが**図3.5**です．図3.5より，確かに他の営業所に比べて近畿営業所の落ち込みが大きいことがわかります．

　そこで，近畿営業所の作業工具分野に特定して，作業工具の顧客の状況を**図3.6**より見ると，顧客No.4202のお客様の売上減少が顕著でし

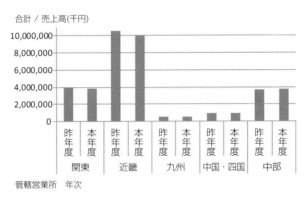

図3.5　作業工具用途の営業所別年度売上高推移

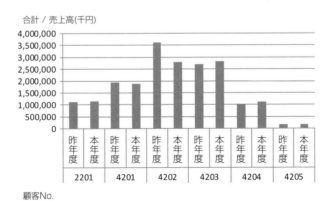

図3.6　近畿営業所の作業工具の顧客別売上高

た.

　顧客 No.4202 のお客様に絞り込んで，年度月別の時系列推移を見たのが**図 3.7** です．図 3.7 から本年度の 4 月から落ち込みが発生していて，7 月から作業工具のねじりバネの落ち込みが顕著となっています．

　確認のため，顧客 No.4202 のお客様を除いて，作業工具分野の各営業所別の売上高推移を**図 3.8** で確かめました．その結果，近畿営業所も含

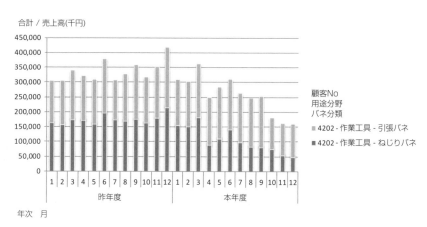

図 3.7　近畿営業所の顧客 No.4202 のお客様の取引時系列推移状況

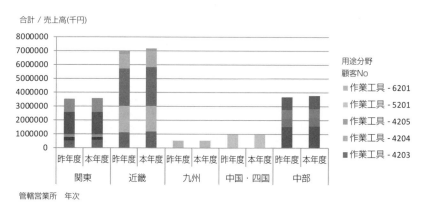

図 3.8　顧客 No.4202 のお客様を除いた作業工具分野の全営業所の売上高推移

めて，どの他の営業所も売上高は伸びていることがわかります．そこ
で，図 3.9 で顧客 No.4202 のお客様を除いた全分野の全営業所の売上高
推移をさらに確かめると，全営業所とも順調な売上高推移となっていま
す．

　以上から，本社の経営企画部の関係者は，近畿営業所の顧客 No.4202
のお客様の 4 月から作業工具のねじりバネの売上が減少した問題を解決
すべく，近畿営業所に赴きました．

(2)　S社近畿営業所の問題要因の見える化と対策実施

　近畿営業所の営業担当者を集めて，この問題の要因を見える化すべ
く，「なぜ顧客 No.4202 のお客様のねじりバネの売上が減少したのか」
を取り上げて，連関図でまとめたのが図 3.10 です．図 3.10 に示したよ
うに，顧客 No.4202 のお客様の営業担当者が 3 月で交代したこと，その
新担当者の顧客 No.4202 のお客様への対応が不十分であったこと，ま
た，昨年度から全社に取り入れた，営業から生産指図を行う全社生産シ
ステムが機能しておらず，従来どおりの 1 人のベテラン営業マンが指図
をしていたことなどがわかりました．加えて，その他にも近畿営業所の

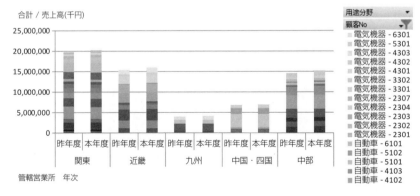

図 3.9　顧客 No.4202 のお客様を除いた全分野の全営業所の売上高推移

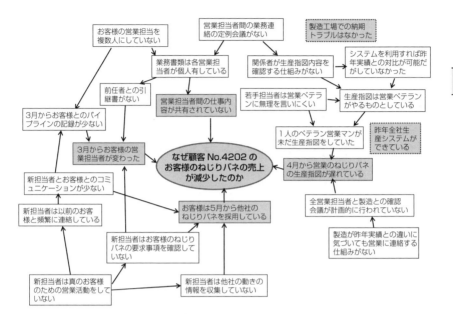

注）　この連関図は，近畿営業所における問題点を見える化したもので，詳細は省略し，主要な
　　　箇所を記載しています

図 3.10　顧客 No.4202 のお客様のねじりバネの売上が減少した要因の連関図

営業活動のまずい点も多々出てきました．

　この結果から，早急に「顧客 No.4202 のお客様の S 社への信頼を回復するため」の方策について検討しました．また，昨年から導入している全社生産システムは，当初の稼働の混乱を避けるために，手動による入力を容認していましたが，近畿営業所では，ベテラン営業マンが 1 人で生産指図を行っており，近畿営業所の全営業マンとの連携が不十分であることがわかり，今後は，全社で手動の扱いを認めないとともに，全営業マンの合意で決定や見直しを行うことにしました．さらに，営業担当者の業務内容の共有化を推進するとともに，パイプライン営業管理の仕組みを見直して，管理の活用啓蒙も推進しました．

　近畿営業所が実施すべき対策について，系統図により見える化したの

が図 3.11 です．近畿営業所は，顧客 No.4202 のお客様のための提案を
増やすことに努めるとともに，過去の悪しき体制を見直し改善しました．その結果，翌年の顧客 No.4202 のお客様からのねじりバネの発注量
は従来量まで回復しました．

3.2　マトリックス図法とマトリックス・データ解析法の活用事例

　T社のフィルム事業部は，工業フィルム分野への進出が遅れており，
この分野への営業活動と開発活動の強化が必要でした．そこで，市場と
お客様の動向に合わせた開発が進むように，開発進捗に応じた営業の役
割を見直して営業プロセスを設定し，営業担当者と開発担当者との意思
疎通が効率よくできるようにマトリックス図法による管理を採用しました．また，マトリックス・データ解析法を用いて開発テーマの重点化を
図り，開発品の市場への展開を早めた結果，10 年後には，売上高が 2
倍に伸びた事例です．

（1）　新商品開発における営業担当者の役割

　T社のフィルム事業部は，工業フィルム分野への進出が遅れていま
した．新商品開発には DR（Design Review）制度を導入していましたが，
技術に関わることが多いとして，DR の責任者は，技術部門長が担って
いました．このたび，事業部（SBU）長が変わり，DR 制度を見直して，
現場の問題の見える化に取り組みました．

　DR 制度[34]は，新規なる素材・製品の開発，設備・システムの新設・
更改，新規事業の発足に対する品質保証を行う活動として，企画から本
生産・販売までの各ステージにおいて，広い分野の専門的知識と経験を
結集し，デザインの妥当性・必然性を事業性の観点から審査確認しま

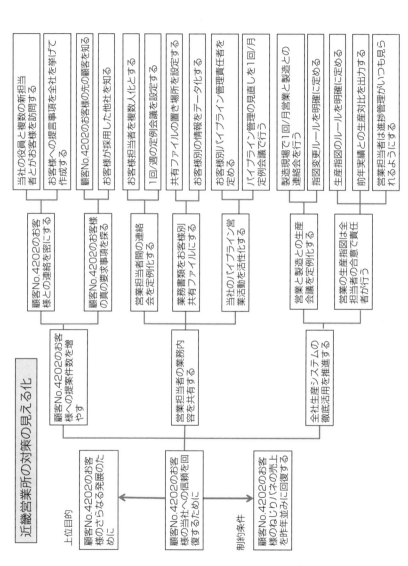

図 3.11 顧客 No.4202 のお客様の S 社への信頼回復を得るための系統図

す．すなわち，デザインに対してレビューして改善を行う活動なのです．国際規格 ISO 9000 の品質マネジメントシステムでも，システムの運用には DR 制度は不可欠とし，DR 制度の採用を要求しています．

T 社の DR 制度は，開発の進捗ステージを，企画のステージ(Stage1)，基本技術を確立するステージ(Stage2)，量産テストを行うステージ(Stage3)，生産と販売の準備をするステージ(Stage4)，本生産のステージ(Stage5)の５つに分けており，ある開発ステージから次の開発ステージに進む際には，商品群ごとに定めた事前のチェック項目で内容を検討します．チェック項目には，技術データのような数値データが多いので，開発を進めるかどうかの判断は，技術部門長が担っていました．

しかし，市場への適合基準がわかっているのは，市場やお客様と直接接している営業部門です．そこで，T 社のフィルム事業部は，進捗の判断を技術部門に委ねるのではなく，営業部門が担うことにしました．判断の責任は事業部長にありますが，具体的な内容の判断は営業の担当者が担うことになりました．そして，開発ステージごとにおける営業の役割を関係者と討議を重ねて，**表3.2** のような営業活動プロセス体系図を作成したのです．

進捗を判断するデータは，市場やお客様(顧客)の評価を集めた言語データに重きが置かれました．このような情報は，従来は個人所有でしたが，これらのデータを表形式にしたテキストデータで集結し，関係者で共有できるように改善しました．また，いくつかの開発案件を通じて，**表3.2** の営業プロセス体系図を何度も見直し，内容の妥当性を確認しました．

数多くの新商品開発案件を実践するにつれて，営業の担当者の商品知識も日増しに向上し，お客様の営業に対する信頼も非常に厚くなりました．

表 3.2　開発のための営業活動プロセス体系図の例

開発ステージと市場・顧客	営業部門 M	開発技術部 T	実施事項	記録ドキュメント	
				主要ドキュメント	チェック内容
S-1 企画・調査 要求品質 コスト 競争訴求点	M1-1 市場情報の収集 層別・まとめ M1-2 コンバーター ハードメーカー からの情報収集 M1-3 市場ニーズの整理・把握 M1-4 ユーザーのスクリーニング M1-5 開発テーマ提案書の提出 M1-6 開発テーマ打合せ，部内検討 M1-7 テーマ化決定 結論・SBU長の意思決定	T1-1 1.自社の技術力の現状把握 2.自社の技術力の不足見極め T1-2 シーズの探索収集 T1-3 基本技術，設備の把握 （場合によりテーマ化断念）	1-1 情報源⇒文献リスト参照 1.マスコミ（業界新聞・雑誌） 2.外部調査機関，PPS利用 3.コンバーター直接訪問 1-2 ユーザー訪問回数↑ 1-3 1.スクリーニング基準を参考にする． 2.簡易業界マップを使う． 3.キーマンを探る． 1-4 テーマ会議の開催	1.市場・トラブル情報[1-1, 1-3] 2.営業週報[M1-1, M1-3] 3.CS報告書 4.開発月報 5.市場情報ヒアリングシート[M1-4] 6.簡易Q表 7.簡易業界マップ 8.開発テーマ提案書 9.開発テーマ提案書[M1-5, 1-6] 10.開発テーマ提案書 営業・開発担当者決定 販売予想価格 販売予想量 訴求要求品質	・重要特性は？ ・最低必要特性は？ ・既存類似サンプル入手 ・当社の競争力点は？ ・ユーザー別売上規模 ・ユーザーの強み弱み ・ユーザーニーズ点 ・商品群層別 ・当社参入の障壁 ・課レベルのテーマの位置づけ，ランク ・課レベルのテーマの位置づけ，ランク ・開発の目的 ・セールスポイントは？ ・用途は，市場は？最終商品は？ ・開発完了時期 ・他社動向 ・マーケットサイズ ・成長性 ・販売見込み量 ・目標コスト ・テーマの位置づけ
S-5 本生産 拡販・他用途展開	M5-1 初品ユーザーフォロー M5-2 QCDSの確認 M5-3 競合品 M5-4 販売計画・拡販計画	T5-1 初期流動管理 T5-2 定常生産化 T5-3 開発全体の見直し	5-1 作業標準の確認 5-2 営業と工場との生産確認 5-3 事業部全体で開発全体の見直し	1.生産現場立ち会い 2.QCDSの確認 3.マーケティング活動の反省 4.拡販策の立案	・QCDSは大丈夫か ・本生産に問題ないか ・販売計画は確実か ・X型マトリックスによる業界マップからの拡販活動は順調か等

　開発案件を重ねるにつれて，表3.2の営業活動プロセスの中では，次の6点が重要であることもわかりました．

1) **営業プロセスのステージ1では，営業の担当者は，開発テーマ提案書(表3.3)を作成して，新商品コンセプトを明らかにする**

　既存品と新商品との違いを明確に示し，新商品の価値を明らかにします．新商品のマーケットの規模，競合性，製品のライフサイクル，成長性の見込み，市場に出すタイミングや市場の発展性を調査して把握します．販売ルートの仮定や顧客ターゲットも仮設定します．期待される販売量や利益等も試算します．これらの内容を他の担当者ともよく議論してブラッシュアップし充実させていきます．営業部門から新商品コンセプトの具体的な内容を開発・技術部門に伝達するように努めます．

　この提案書は，営業関係者の審査と上司の承認を得て，作成した年月日と議論したメンバー名を記して提案されます．新情報が入る都度，年

表3.3　開発テーマ提案書

開発テーマの No[　　　　]　　　　　提案日　　年.　　月.　　日. 提案者:

テーマ名		関連する過去のテーマ名		
目的		新商品の上市時期		年　　　月
新商品の位置付	1.　新市場でのシェアが拡大できる 2.　既存市場での現在のシェアが拡大できる 3.　既存市場の代替品になる 4.　……………………　　　　　　　　　*など*			
市場	規模 販売ルート 最重要顧客 主たる競合相手			討論したメンバー
販売予測	販売量	期待できる量　粗利益　コスト		
販売での魅力点	1. 2.			

審査者:	承認者:	本テーマに対する決定		
		1.　ただちに着手 2.（　　）月から開始 3.（　　）月まで待つ 4.　3カ月間は待つ 5.　不着手		

月日を更新して，ステージ3までに，ほとんどの項目が確実に決定できるように努めます．

新商品のコンセプトが明確になれば，開発案件を，**表3.4**の開発テーマ評価表にて評価します．テーマの評価は，開発品の「市場規模」，他社との「競合力」，市場の「継続性」や「成長性」，「期待利益」，「販売ルート」の難度，自社の「販売力」，「販売経費」，「材料調達」のしやすさ，自社の「技術力」，既存「設備」で可能か，「投資効果」は，開発の技術的「開発難度」，開発に要する「開発期間」，「開発経費」，「開発に人材がいるか」，他の開発テーマへの「波及効果」の項目などです．各項目には30点を配し，自社にとって1番好ましい内容から順に，30,

表3.4 開発テーマ評価表

開発テーマの No.[　　　　　　　]　　　　評価日　　年.　　月.　　日

市場能力			生産能力		
項目	内容	評点	項目	内容	評点
市場規模	＞5億円/年以上	30	材料調達	容易に入手可能	30
	5～3億円/年	24		問題ない	24
	3～1億円/年	18		若干問題あり	18
	5千万～1億円/年未満	12		入手手段はこれから探索	12
	＜5千万未満	6		入手手段は特殊	6
競合力	すべてに勝る	30	技術力	既存技術で充分	30
	自社が強い	24		既存技術を改良すれば可能	24
	競合と同等	18		自社技術に若干問題がある	18
	自社が劣る	12		自社技術に問題ある	12
	競合相手が独占	6		高度な新技術が必要	6
市場の魅力度 ↕			既存設備の活用可能性 ↕		

販売能力			開発能力		
項目	内容	評点	項目	内容	評点
期待利益	＞1億年以上	30	開発人材	既存人的能力で可能	30
	1億～5千万円/年	24		若干人手不足	24
	5千～3千万円/年	18		他の開発員の支援必要	18
	3千万円～1千万円/年未満	12		人材不足	12
	＜1千万円/年未満	6		他社からスカウト必要	6
販売ルート	既存ルートで充分	30	波及効果	他のテーマに応用できる	30
	…	…		…	…
	新ルートの開発必要 ↕	6		本テーマのみである ↕	6
既存ルートの活用性			既存技術力の活用可能性		

注)　↕は省略している部分です

24，18，12，6 点の５段階にて評点しました．なお，24 点と 18 点の間
と思われる場合には，その間の 20 点としました．

2)　営業プロセスのステージ２で，開発スケジュール(表 3.5)を作成す
　　る．新商品をいつ市場に出すかを判断し，その時期に間に合うよう
　　に，開発と営業の活動計画を立てる

　　開発スケジュール表には，各担当者の方策内容を示し，いつまでに終
えるかを示します．担当者は，日常の業務と，開発のための情報収集と
を有機的に結び付けて活動します．そして，都度，開発に必要な情報を
開発担当者に伝達し，お互いのコミュニケーションに努めます．

3)　ステージ２の後半には，新商品基本 Q 表(表 3.6)を完成させる．担
　　当者は，市場・顧客の要求品質の把握に努め，開発のターゲットとな

表 3.5　開発スケジュール表

	開発テーマの No.[　　　] テーマ名【　　　　　】	スケジュール					備考
		2015 10月	2016 12月		2月	4月 6月	
S1	1. 市場情報収集，データの要約と分類	→●	--------		--------	--------→	
	2. コンバータ及び製造業者へ直接訪問，情報収集	→●	--------		--------	--------→	
	3. 市場ニーズの把握と分析，顧客先のニーズを確約する	→●	--------		--------	--------→	
	4. 開発テーマ提案書の提出 --------------	顧客の選択 ●				重要顧客の選択	
S2	1. テーマ開発の開始日決定		→●		--------	--------→	開発完成●● 年●月
	2. 開発スケジュール表の詳細事項決め		→●		--------	--------→	
	3. 基本要求品質項目の決定		→●		--------	--------→	
	4. 試作品作成の支援		→		--------	--------→	
	7. 重要顧客訪問により求評の実施		→●		--------	--------→	
S5	1. QCDS の確認				期待市場の見直し		
	2. 新規顧客へのフォロー --------------						
	5. 競合品との比較堪忍				販売計画再考		
	6. 販売計画,生産計画の見直し					●	

計画日　　年.　　月.　　日

る基本要求品質を明らかにする

他社との差別化訴求点を明らかにして，新商品の要求品質を決めます．要求品質は，自社が使用している品質用語の目標値にまで展開します．重要品質を◎とし，開発担当者と重要品質についてのすり合わせを行います．

要求品質の目標値は市場の要求に適合した開発のゴール値で，**目標品質**です．Ｑ表作成は，この目標品質の明確化にあります．一方，開発担当者が設計して定めた品質は**設計品質**で，目標品質と設計品質とを一致させることが重要ですが，万が一設計品質が目標品質に及ばない場合は，既存技術だけでは目標品質の達成が困難ということであり，新しい技術の導入・作り込みが必要です．

表 3.6　新商品基本 Q 表

開発テーマの No.[　　　]　　　作成日　　年.　　月.　　日　作成者

要求品質 / 品質特性		重要度評価	高収縮率	厚みムラ	印刷性向	
1次展開	2次展開	重要度評価	90	99.9	S	
凹凸があっても均一にフイルムが巻き付く	不均一表面にも均一に巻き付く	A	○	◎		
	通常温度でも収縮する	A	◎	○		
	収縮均一性がある	A	○	◎		
………………	…………………	B				
フィルムの表面は美しい印刷ができる	印刷鮮明性	A	○	△	◎	
	多色印刷可能	A			◎	

検討者名	
検討日	

4) ステージ3で，担当者は，試作品にて，特定のお客様から集めた
評価結果をまとめて，市場情報報告書(表3.7)とする

　ステージ2で試作品が作成されるので，担当者は，試作品を必携し
て，重要なお客様に出向いて品評を受けます．その結果を表3.7の市場
情報報告書にまとめます．品評活動に付随して得られた他社品の品質動
向，競合他社の戦略動向なども記載します．出張報告書は，この報告書
で代替します．これらの情報を開発案件ごとに時系列に並べて，自社の
データベースで共有します．

　担当者は既存品を販売することも大切ですが，このような情報を把握
することがより重要となります．

5) ステージ3で，新商品の市場はどのような販路になるかを販売戦
略マトリックス図にして整理する

表3.7　市場情報報告書

開発テーマの No.[　　　　]　　　　　作成日　　年．　　月．　　日　作成者

テーマ名		関連ある過去の開発テーマNo.	
根拠	・事実事項(現物貼付)　　　　　・推定・意見(資料貼付)		
市場動向	・現存の優秀品の入手可否：可，否　　　　・要求品質，参考価格，需要量など記入		
競合相手	・当面の競合相手を1社決めて追う		
競合品の品質傾向変化	・自社の品質用語にて，できるだけ具体的に詳細に記入		
最重要顧客の動向把握			
情報内容のコメント			
上司の指示	署名:		

　担当者の情報を結集して，新商品の流通ルートと流通量を販売戦略マトリックス図にて整理します．**図 3.12** は，ある商品の競合相手，1 次顧客のコンバータ，2 次顧客の使用メーカーまでの流通ルートをマトリックス図で示したものです．数値は年間の使用量（トン）を示し，アミカケ部は自社品の流通ルートです．例えば，自社品は，コンバータ①社から 13 トン，コンバータ④社から 2 トンの量が 2 次顧客のア社に流れています．

　また，競合相手を B 社としたとき，B 社はコンバータ③社より 2 次顧客エ社に 10 トン流れています．自社は，2 次顧客エ社との取引はありません．この際，B 社の取引に対抗してエ社に働きかける場合には，自社と取引のあるコンバータ③社と組めば，③社は B 社とのつながりが大きいので協力は得られにくいと思われます．そこで，自社と取引が

開発テーマの No. [　　　　]　　　　　　作成日　年．月．日　作成者

その他	D社	C社	B社	A社	自社	競合相手　2次顧客 使用メーカー	ア社	イ社	ウ社	エ社	オ社	カ社	その他
						1次顧客 コンバータ							
1	1	1	2	15	17	①社	13	6	4	5			9
5	3					②社		2		1			5
2	5	10		3		③社			5	4	10	1	
5		8		2		④社	5						10
	2					⑤社	2						
6		1	1			その他	8						

図 3.12　販売戦略マトリックス図

多く，B社との取引が少ないコンバータ①社と組み，エ社へ働きかけれ
ば，B社の一部の量が自社に置き替わり，コンバータ①社も取引量が増
えることが期待できます．このように，販路を整理した販売戦略マト
リックス図を用いると，商品の流れが読め，新商品の販売戦略案を立案
することにも活用できます．

6)　ステージ4では，担当者は，Q, C, D の目標値を開発・技術部門と
　すり合わせて，新商品の最終 QCD 表（表 3.8）を作成する

　ステージ4になると，担当者は新商品の販売準備に忙しくなります．
ステージ4までに，担当者は開発担当者と協力して，表3.8の新商品の
最終 QCD 表を作成し，最終の目標値を確認します．これは，製造現場
で製造した結果の品質で，**製造品質**であり，設計品質とは異なります．
しかし，設計品質と一致すれば，設計どおりに作れたことになります．

表3.8　最終 QCD 表

開発テーマの No. [　　　]　　　　　作成日　　年．　　月．　　日　作成者：

		生産	開発	販売
Q	計画			
	実績			
C	計画			
	実績			
D	計画			
	実績			
審査		署名：　　　　　　　　　　　年月日：		
承認		署名：　　　　　　　　　　　年月日：		

　万一，設計品質と一致しなければ，製造技術が設計どおりにならなかっ
たことを意味します．このギャップが発生した際には，製造の技術者と
開発担当者とが，現場に赴いて，その原因を見える化して対策を講じま
す．

　製造品質と設計品質とが一致したのなら，原価試算や販売開始の納期
の再確認を行い，初品管理に備えます．

　以上の6点を確実に遂行すれば，新商品開発の展開は充実していき，
目標達成が見えてきます．

　次に，T社が行った，営業と技術部門とをマネジメントする事業部長
の役割について解説します．

(2)　新商品開発における事業部長の役割

1)　事業部長は，開発部門の開発進捗と営業活動プロセス体系図の営業活動の進捗状況とが，同じペースで進むように管理する

　図 3.13のようなマトリックス図による進捗状況管理図にて，開発と
営業の活動の進捗を確認し，均衡管理を行い，計画どおりに開発が進む
ように支援します．

　事業部長は，**図 3.13**の開発進捗状況管理図を用いて，進捗している
開発テーマが常にどのステージにあるかを確認し，担当者と開発担当者

営業活動プロセスステージ ＼ 開発技術ステージ	シーズの探索・見極め T1 簡易QCD	目標品質確認サンプル作成 T2 QA表試作	少量試作 KH書作成 T3 サンプル試作	中量作成出荷基準確定 T4 生産準備	本生産初品流動管理 T5 本生産品
市場ニーズの把握，ターゲット顧客のリストアップ M1 開発テーマ提案書	S1 ・超耐久液晶F	・超低収縮F		・熱低収縮F	
ターゲット顧客の選定，顧客による評価と販売計画 M2 スケジュール確認基本Q表作成	・超平面性向上F ・超鮮度保持F	S2 ・超導電F	・カラージェット用F ・グラビア印刷F		・オフセット用F
チャンピオン顧客の選定，顧客評価と販売計画見直し M3 市場情報報告業界マップ		・易生分解F	S3 ・超高収縮F	・多用途合成紙	
テスト販先先評価まとめ，最終販売計画，営業ツール，納入仕様書 M4 市場情報，QCDの決定			・貼込F	S4 ・手紙用合成紙	・超クリアーF
初品流動管理，他用途・拡販展開 M5 実績差異分析顧客別販売計画			・低熱収縮F	・缶内膜SF ・フレーバー保持F	S5 ・TV用フラットF ・超屈曲容器F

図 3.13　事業部長の開発進捗状況管理図

の両者のステージが，同じステージ(S)になるように管理します．両者のステージが合わない場合は，事業部長は，遅れている側の問題点を明らかにして，問題解決のために，経営資源の配分の見直しや業務の重点化を行い，担当者の支援を行います．各ステージの整合がとれず，問題が極めて大きい場合は，開発を中止する場合もあります．

　図 3.13 の左列の M は営業の進捗ステージを示しています．上の行の T は開発の進捗ステージです．両者が整合して進んでいる開発テーマは対角線上の S 上に乗ります．S より上側にあるテーマは，営業のプロセスが遅れており，下側にあるテーマは，開発が遅れています．前者の場合での乖離が進むと，営業の市場の把握が不十分なのに，開発だけが進み，市場で花が咲かない，ということが起こります．後者の場合の乖離は，開発が遅れており，開発品の市場に出すタイミングを逃して後発になる恐れがあります．このように，テーマごとに各ステージの動向を把握し，営業や開発の進捗を管理するとともに，乖離が大きくなった場合には，表 3.3 の開発テーマ評価表を参考にして，捨てる開発テーマと，伸ばす開発テーマの取捨選択を行います．

　開発の効率性を上げる責任は担当者にありますが，開発の効果（開発テーマの取捨選択）を上げる責任は事業部長にあります．図 3.13 のマトリックス図による進捗管理表は，その有効なツールとなります．

2)　**事業部長は，取り上げる開発テーマの効果を適切に判断する**

　事業部長が，中・長期的に見て，捨てる技術と伸ばす技術とを見極めるために，マトリックス・データ解析（主成分分析）の活用が期待できます．

　工業フィルムの開発テーマ案件を，表 3.4 の開発テーマ評価表にて評価しました．評価の尺度は，市場の発展性，自社の販売力，自社の生産力，自社の開発力です．市場の発展性については，市場の規模，競合力，継続性，成長性の 4 つの項目を各 30 点満点で評価し，自社の販売力は，期待利益，販売ルート，販売力，販売経費の 4 つの項目を各 30 点満点，自社の生産力は，材料調達，技術力，設備対応，投資効果の 4 つの項目を各 30 点満点，開発力については，開発難度，開発期間，開発経費，開発人材の 4 つの項目と波及効果の各 30 点満点で評価します．トータルの評価点は計 17 項目で 17 × 30 = 510 点満点となります．い

ずれも，自社にとって好都合なほど評点が高く，当時の各開発テーマを評価した結果が表3.9です．

表3.9　工業フィルムの各開発テーマを評価したデータ表

テーマ	実績	市場規模	競合力	継続性	成長性	期待利益	販売ルート	販売力	販売経費	材料調達	技術力	設備	投資効果	開発難度	開発期間	開発経費	開発人材	波及効果
A	検討	18	18	16	12	12	30	20	20	24	18	20	12	16	16	16	16	8
B	検討	12	24	12	12	12	24	20	20	30	18	16	16	16	16	16	16	12
C	検討	6	18	16	12	6	30	20	20	24	18	16	20	16	16	16	16	8
D	検討	12	18	12	12	12	30	20	20	24	12	12	12	16	16	16	16	12
E	検討	18	12	12	12	30	20	20	18	18	20	16	8	8	8	8	8	20
F	検討	24	24	12	12	30	30	16	16	30	24	20	20	16	16	16	16	8
G	検討	6	24	16	12	6	30	20	20	24	18	20	16	16	16	16	16	8
H	完了	6	18	12	12	6	30	20	20	30	30	20	20	20	20	20	20	8
I	完了	6	18	12	12	6	30	20	20	24	30	20	20	20	20	20	20	8
J	完了	6	18	16	12	6	30	20	20	30	30	20	20	20	20	20	20	8
K	完了	6	18	12	12	6	30	20	20	30	30	20	20	20	20	20	20	8
L	検討	6	18	12	8	6	30	20	20	30	24	20	20	16	16	16	16	8
M	検討	12	12	16	12	6	12	20	20	30	12	12	16	8	8	8	8	16
N	検討	6	24	12	8	6	30	20	20	18	18	12	12	16	16	16	16	12
O	検討	12	24	12	12	6	24	16	20	18	18	16	16	16	16	16	16	8
P	検討	18	24	16	12	18	30	20	16	24	12	20	20	12	12	12	12	16
Q	検討	18	24	12	12	18	30	20	16	30	18	20	20	12	12	12	12	16
R	未着手	24	18	20	16	24	30	20	16	18	12	12	12	6	6	6	6	20
S	検討	12	6	16	12	12	30	20	16	12	18	20	12	20	20	20	20	8
T	検討	12	24	12	16	6	30	20	20	30	30	20	20	16	16	16	16	8
U	未着手	12	30	16	12	12	30	20	20	24	18	12	16	8	8	8	8	20
V	未着手	24	30	20	24	18	30	20	20	12	6	6	8	6	6	6	6	20
W	完了	6	30	6	6	12	30	20	20	30	12	16	16	16	16	16	16	12
X	検討	6	30	12	16	12	30	20	20	24	24	20	20	8	8	8	8	16
Y	検討	12	24	12	8	6	30	20	20	24	30	20	16	16	16	16	16	8
Z	検討	6	24	12	8	12	30	20	20	30	30	20	16	16	16	16	16	8
AA	検討	6	24	12	12	6	30	20	20	30	30	20	16	16	16	16	16	8
BB	検討	12	18	12	12	6	30	20	20	30	18	20	16	16	16	16	16	12
CC	未着手	24	12	12	16	16	30	20	20	30	12	12	16	6	6	6	6	20
DD	検討	24	24	12	12	18	24	20	20	12	6	6	8	20	20	20	20	8
EE	検討	24	24	12	12	18	24	20	20	18	6	6	8	20	20	20	20	8
FF	検討	18	18	12	8	6	24	20	20	18	12	8	12	20	20	20	20	8
GG	完了	18	18	12	12	6	24	20	16	30	18	20	20	16	16	16	16	8
HH	完了	12	18	12	12	6	24	20	20	30	18	20	20	20	20	20	20	8
II	完了	12	18	12	8	6	24	20	16	30	30	20	20	20	20	20	20	8
JJ	検討	18	12	12	12	6	24	20	16	18	18	16	12	12	12	12	12	20
KK	検討	12	18	12	12	6	24	20	16	30	30	20	20	20	20	20	20	8
LL	未着手	24	12	12	16	6	12	12	12	24	12	12	12	6	6	6	6	16
MM	検討	30	18	12	8	6	24	16	12	24	6	12	12	16	16	16	16	12
NN	検討	30	12	8	8	6	18	12	12	24	12	16	16	20	20	20	20	8
OO	検討	30	18	12	8	6	18	12	12	24	18	12	12	16	16	16	16	8
PP	検討	30	18	12	24	18	18	12	12	24	12	12	8	6	6	6	6	20

　事業部長は，自社がもつ技術について，今後傾注すべきものと，やめるべきものとを適切に判断しなければなりません．市場に適合する新しい技術は，新しい事業を生み，企業を成長させて産業を興します．企業が成長していくためには，知識の創造，知識の移転を含めて，将来の開発テーマを継続的に決めて，テーマ開発を推進しなければなりません．各開発テーマを適切に評価して，自社の将来のテーマになりうるか否かを判断するのが，事業部長の大きな役割です．

　この判断を支援する道具として，マトリックス・データ解析(主成分分析)法が活用できます．表 3.9 の各開発テーマの評価結果から，日本科学技術研修所の解析ソフトの Statworks を用いて主成分分析の計算を実施しました．その結果が，**表 3.10** に示す各主成分の因子負荷量の値です．

　主成分分析は，開発テーマを評価した 17 項目を，似ている項目群ごとに集めて分けて，新しい主成分を合成し，多くの項目と対象群とを整理してくれます．その整理した結果が表 3.10 の主成分ごとの各項目の因子負荷量値です．第 1 主成分は，開発難度，開発期間，開発経費，開発人材，投資効果，それに材料調達，技術力，設備の値が＋で高く，また，波及効果，成長性，市場規模，期待利益，継続性の値が－で高いことから，第 1 主成分軸は，＋側は「開発が容易にできるが，市場の成長性や継続性，期待利益は低く，市場の魅力に欠く」で，逆に－側は，「市場の成長や継続性，期待利益は高く，市場の魅力があるが開発は容易でない」となります．第 1 主成分が持つ情報量は，固有値や寄与率によって求められ，今回は表 3.10 から 40.3% の説明力であることがわかります．

　次に，第 2 主成分の各項目の因子負荷量値は，販売ルート，販売力，販売経費の値が＋で高いことから，第 2 主成分の軸の意味は，＋側にいくほど，「販売は既存ルートでよく販売については苦労しない」となり

表3.10　主成分ごとの因子負荷量値

	主成分1	主成分2	主成分3	主成分4	主成分5
固有値	6.851	3.318	2.264	1.128	0.899
寄与率	0.403	0.195	0.133	0.066	0.053
累積寄与率	0.403	0.598	0.731	0.798	0.851
市場規模	−0.635	−0.604	0.030	0.186	0.265
競合力	0.048	0.401	−0.313	0.702	−0.247
継続性	−0.437	0.412	−0.269	−0.446	0.412
成長性	−0.643	0.261	−0.036	−0.070	0.272
期待利益	−0.516	0.098	−0.364	0.511	0.411
販売ルート	0.307	0.678	−0.379	0.167	0.274
販売力	0.333	0.676	−0.457	−0.202	−0.057
販売経費	0.345	0.638	−0.474	−0.132	−0.326
材料調達	0.453	0.252	0.662	0.188	−0.050
技術力	0.679	0.374	0.341	−0.029	0.206
設備	0.595	0.421	0.550	0.104	0.229
投資効果	0.611	0.459	0.494	0.038	0.138
開発難度	0.884	−0.361	−0.256	0.003	0.108
開発期間	0.884	−0.361	−0.256	0.003	0.108
開発経費	0.884	−0.361	−0.256	0.003	0.108
開発人材	0.884	−0.361	−0.256	0.003	0.108
波及効果	−0.853	0.328	0.136	−0.011	−0.086

ます．第２主成分の説明力は19.5％で，第１主成分と第２主成分とを合わせますと累積寄与率から59.8％の説明力で，ほぼ6割の情報が2つの主成分で表せることになります．

そこで，第1主成分軸を横軸に，第2主成分軸を縦軸にした座標上に，元の各開発テーマの主成分軸スコアを求めてプロットしたのが図3.14です．

図3.14では，現時点で完了した開発テーマを×印，まだまったく着手していない未着手の開発テーマを△印にマークして，現状の開発テー

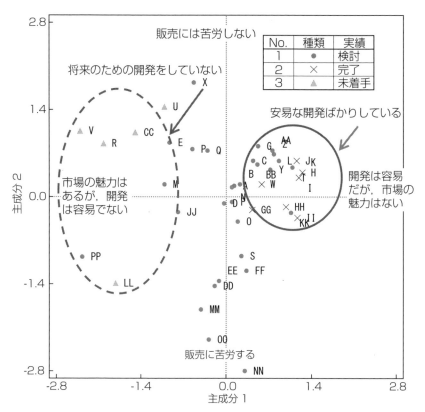

図3.14　第1主成分軸×第2主成分軸における各開発テーマの位置

マの位置付けを考察しました．その結果，力を入れて実施した開発テーマ×は，左上に多く，開発が容易だが，市場の魅力はないテーマばかりを取り上げていることがわかります．反対に，市場の魅力があるテーマは開発が難しいとして未着手になっています．この結果より，事業部長は，今日の飯の種を稼いでいるが，将来のための布石がないことを非常に危惧しました．

　このように，主成分分析を用いて現行の開発テーマの位置付けを行うと，事業部の開発テーマの全容がわかり，開発テーマの取り組む姿勢の

問題が見える化できます（主成分分析について詳しく知りたい方は巻末の参考文献 17) を参照のこと）．

　事業部長は，今後の開発テーマ案件は，開発は難しいが市場の魅力が豊富である△印のテーマを，各開発担当者が必ず１つもち，将来のために推進することを部内で提言しました．部内の皆も，これに賛同し，事業部長の提言した案が全員の合意の下で承認されました．そして，年に１度，このように主成分分析を用いて開発テーマの見直しを行うことが，事業部の仕組みとなりました．

　以降，この事業部は，営業が中心となって技術を育てるマネジメントが進められるようになりました．ただ，事業部では，いくら市場の魅力が満ち溢れていても，自社の技術の延長線上にない開発テーマについては，採択に慎重を要するようにしました．それは過去の経験から，そのような場合には，開発完了までに多大な時間と資源を要し，結局苦戦することが多かったからです．

　このような活動を展開した結果，このフィルム事業部では IT 産業分野の新商品が数多く生まれました．早期に開発を推進できることから，高収益を得られるようになり，T 社のフィルム事業部は優良事業部となっています．

3.3　お客様満足度向上のためのアンケートの設計と分析の事例

　本事例は，2.4節の実施例として，家電販売店におけるご来店のお客様の満足度（結果系指標）に対し，影響を与えていると思われる要因（仮説）を見つけ，アンケートで得たお客様の声を分析することによって解決への糸口を見出した事例です．

　家電製品の販売・サービスを行っているA販売店では，大型家電メーカーの商品はもとより，さまざまな家電商品を取り扱っています．しかし，販売店の売上は，同じ商品を取り扱っているにもかかわらず，大型量販店に比べて年々減少し，このままでは企業の存続が難しい経営状態になることが予想されます．

　そこで，今までの販売店のあり方を見直し，ご来店いただくお客様にご満足いただける店づくりに取り組むことにしました．そのためには，お客様の声に耳を傾け，「販売店に期待されていることは何なのか」，「その期待に対して，現状はどうなっているのか」，「期待に応えるためには何をすべきなのか」など，お客様のニーズを把握し，お客様と販売店とのギャップの有無やギャップがあるとすれば，具体的に何なのかを把握することが必要です．

　どうやってお客様の声を収集し，分析するのかについて，「訪問インタビュー」，「店頭インタビュー」，「グループインタビュー」，「アンケート」などから，自分たちの知りたいことを解析するために，関係者の意見や提案を開いた結果，「アンケートの設計」と「調査・分析」を行うことにしました．

（1） アンケートの設計

1） 目的の明確化

　まず，アンケートの目的を明確にします．販売店として知りたいことは，ご来店時に「お客様の期待に応えられているか」，「お客様が満足しているか」ということです．そこで，「ご来店のお客様が何に期待し，今それがどれくらい満足されているのか」を把握するため，「ご来店のお客様の満足度」を目的に実施し，アンケート結果から改善すべき課題の明確化とその対策を行い，お客様にご満足いただける店づくりをめざします．

2） 来店されたお客様にご意見・ご要望についてのアンケート調査

　事前調査のため，来店されたお客様に簡単なアンケート用紙を配り，お店に対する要望事項や気づいたことをメモに書いていただきました（**図 3.15**）．

アンケート調査のご協力のお願い

　本日は，ご来店いただき有難うございます．当店は，皆さまのご期待に応え，ご満足いただける店づくりを目指しています．

　つきましては，店内でお気づきのことやご意見・ご要望などございましたら自由にご記入下さいますよう，ご協力をお願い申し上げます．皆さまからお寄せいただいたご意見は，今後，より良い店づくりに役立てて参ります．

【ご記入欄】＿＿＿＿＿＿＿＿＿＿＿＿＿＿＿＿＿＿＿＿

＿＿＿＿＿＿＿＿＿＿＿＿＿＿＿＿＿＿＿＿＿＿＿＿＿＿
＿＿＿＿＿＿＿＿＿＿＿＿＿＿＿＿＿＿＿＿＿＿＿＿＿＿
＿＿＿＿＿＿＿＿＿＿＿＿＿＿＿＿＿＿＿＿＿＿＿＿＿＿
＿＿＿＿＿＿＿＿＿＿＿＿＿＿＿＿＿＿＿＿＿＿＿＿＿＿

アンケートのご協力有難うございました．　　店長○○○

図 3.15　ご来店のお客様へのアンケート用紙

　来店いただいたお客様を対象に「お客様が満足するお店づくり」についてアンケート調査し，お客様の声であるご意見やご要望を親和図で整理し，5つの親和カードに集約できました（図 3.16）．

3)　目的に対する要因の仮説の設定

　目的の「お客様満足度」を結果系指標にして，その結果に大きく影響を与えていると思われる一次要因に親和図で整理した5つの親和カードを配置しました．さらには，お客様との接点のある店員や営業などの関係者にも協力いただき，結果系と要因系指標の仮説構造図を作成して検討することで，結果（目的）に影響を与えていると思われる重要要因を絞り込みました．これらをアンケートの質問項目に取り上げます（**図 3.17**）．

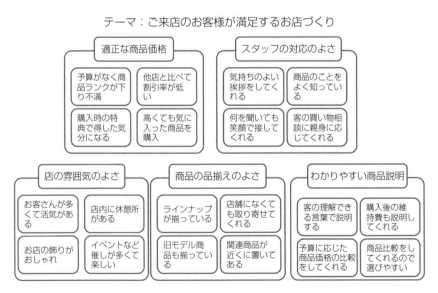

テーマ：ご来店のお客様が満足するお店づくり

適正な商品価格
- 予算がなく商品ランクが下り不満
- 他店と比べて割引率が低い
- 購入時の特典で得した気分になる
- 高くても気に入った商品を購入

スタッフの対応のよさ
- 気持ちのよい挨拶をしてくれる
- 商品のことをよく知っている
- 何を聞いても笑顔で接してくれる
- 客の買い物相談に親身に応じてくれる

店の雰囲気のよさ
- お客さんが多くて活気がある
- 店内に休憩所がある
- お店の飾りがおしゃれ
- イベントなど催しが多くて楽しい

商品の品揃えのよさ
- ラインナップが揃っている
- 店舗になくても取り寄せてくれる
- 旧モデル商品も揃っている
- 関連商品が近くに置いてある

わかりやすい商品説明
- 客の理解できる言葉で説明する
- 購入後の維持費も説明してくれる
- 予算に応じた商品価格の比較をしてくれる
- 商品比較をしてくれるので選びやすい

図 3.16　お客様が満足するお店づくりの親和図

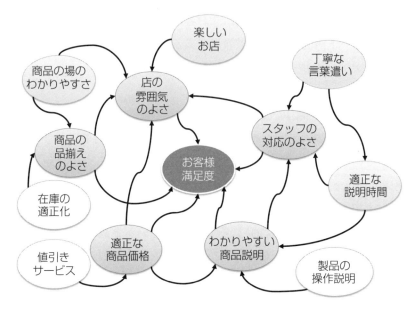

図 3.17　お客様満足度の結果系と要因系指標の仮説構造図

4)　アンケート作成時の留意事項

　アンケートの作成に当たっては，一般的な「まえがき」，「本文」，「あとがき」で構成し，特に以下の点に留意することにしました．

　①　まえがき

　　• タイトルは，一目で何を目的にしたアンケートなのかがわかるように表記します．

　　• 前書きには，あいさつ，目的，データの取り扱いなどを明記します．

　　• 調査する販売店名，所属，連絡先を明記します．

　②　本文

　　• 仮説構造図を参考に結果系と要因系の質問文を考えます．

　　• アンケート結果を解析できるように SD 法*で質問します．

- 自由記述の質問は，必要な項目だけに絞り，できるだけ少なくします．
- 層別する必要がある場合の質問を考えます(例：性別，年代別など)．

③　あとがき
- アンケートにご協力いただいたお礼を述べます．
- アンケートに対する問合せ先，連絡先を明記します．

④　質問の表現は，簡潔・明瞭・統一・公平に作成する
- 簡潔とは，例えば「わかりやすい言葉を使う」，「質問は長々と書かない(40 文字以内)」です．
- 明瞭とは，例えば「1 文に 2 つ以上の質問内容を書かない」，「あいまいな表現を避ける」です．
- 統一とは，例えば「同じ意味の言葉は統一する(当社・弊社，販売員・店員など)」です．
- 公平とは，例えば「回答に影響や誘導しないようにする」，「プライバシーの侵害に配慮する」です．

例：

Q1　わかりやすい説明ですか
　5. 非常にそう思う　4. そう思う　3. どちらともいえない
　2. そう思わない　1. まったく思わない

Q2.　販売員の対応はよかったですか
　5. 非常にそう思う　4. そう思う　3. どちらともいえない
　2. そう思わない　1. まったく思わない

＊ SD 法(Semantic Differential method)とは，ある事象に対して個人が抱く印象を相反する評価の対を用いて測定するもので，それぞれの評価の対に尺度の度合いによって対象事項の意味構造を明らかにしようとするものです．

5) アンケートの作成

　アンケート作成時の留意事項を踏まえ，今回のアンケートを作成しました（図3.18）.

(2) アンケートの実施

　アンケートの実施に当たっては，調査方法やアンケートの回答数（サンプル数）について，以下のように関係者と事前に打合せを行い，実行計画を立てて実施しました.

① 調査方法：ご来店のお客様を対象にアンケート用紙による調査を実施します．補足質問は，アンケート回収時に担当者からインタビュー形式で実施します.

② 実施期間：期間：○／○～○／○（土日の2日間）

③ サンプル数：ご回答いただいたお客様全員を対象に実施し，第一段階は，ランダムに1日100名以内に絞り込みます．さらに第2段階でランダムに50名に絞り込む「多段抽出法」を用います.

(3) アンケートの解析

　アンケートの解析方法は，Excel関数の機能や分析ツールを使って「平均値」,「標準偏差」,「相関係数」などを計算し，グラフ，相関分析，重回帰分析やポートフォリオ分析を行います．分析結果からいろいろな情報を得て，改善すべき課題を明確にすることで，ご来店いただいたお客様にご満足いただけるお店づくりをめざします.

1) アンケート結果の集計

　アンケートの結果は，Excelシートにデータを入力し，マトリックス・データ表を作成します．結果系指標の質問項目「お客様の満足

ご来店のお客様満足度アンケートのお願い

　この度は，ご来店下さいまして誠に有難うございます.

　当店では，お客様にご満足いただけるお店づくりを目指しています. つきましては，ご来店いただきましたお客様のご感想をお聞かせいただきたく，以下のアンケートにご協力の程，どうぞ宜しくお願いします(該当番号を〇で囲んで下さい).

　なお，当アンケート結果は，当店のお客様満足度向上以外に使用することはございません.

	大変満足	満足	どちらでもない	不満	大変不満
Q1．お店の雰囲気はよかったですか？	5	4	3	2	1
Q2．店員の対応はよかったですか？	5	4	3	2	1
Q3．店員の言葉づかいは丁寧でしたか？	5	4	3	2	1
Q4．商品説明はわかりやすかったですか？	5	4	3	2	1
Q5．説明時間はちょうどよかったですか？	5	4	3	2	1
Q6．商品の品揃えは十分でしたか？	5	4	3	2	1
Q7．お目当ての商品は見つかりましたか？ 　　(配置場所もわかりやすかったですか)	5	4	3	2	1
Q8．商品の価格は納得がゆくものでしたか？	5	4	3	2	1
Q9．楽しく買い物できる店でしたか？	5	4	3	2	1
Q10 当店へのご来店はご満足いただけ 　　ましたか？	5	4	3	2	1

Q11．当店についてのご意見・ご要望がございましたらご記入下さい。

Q12 最後にあなた自身について該当する箇所に〇印をご記入下さい。
　■性　別　　1．男性　　　2．女性
　■年代別　　1．20代　2．30代　3．40代　4．50代　5．60代以上

　お帰りの際に係の者が回収させていただきますので、お礼の品とお引き換えにお渡し下さいますようお願い致します。

　以上、大変お忙しい中、ご協力いただきましてありがとうございました。

2000年〇月〇日

【お問合せ先】
〇〇販売店　お客様相談室
担当部長　〇〇　〇〇〇
TEL：（〇〇）△△－××××

図3.18　ご来店のお客様満足度アンケート

表3.11　マトリックス・データ表

ID	Q10.満足度	Q1.店の雰囲気	Q2.店員の対応	Q3.言葉づかい	Q4.わかりやすさ	Q5.説明時間	Q6.品揃え	Q7.配置場所	Q8.商品価格	Q9.楽しい店	Q12.性別	Q12.年代別
A01	4	4	4	3	4	4	3	3	4	4	男	30代
A02	5	3	4	4	5	4	4	3	4	3	男	40代
A03	3	2	4	4	4	4	3	3	3	2	女	20代
A04	4	3	4	4	3	4	3	3	3	3	男	30代
A05	4	3	5	3	4	3	3	3	3	2	女	50代
A06	3	2	4	4	3	4	3	3	3	2	男	50代
A07	4	3	4	4	3	3	3	3	4	3	男	30代
A08	4	3	4	4	4	5	4	4	4	4	女	20代
A09	5	3	5	3	5	3	4	4	3	3	女	60代
A10	4	3	4	4	4	4	4	3	4	4	男	40代
A11	4	3	4	3	3	4	3	3	3	3	男	50代
A12	3	3	4	4	4	3	3	3	3	3	男	50代
A13	4	4	4	4	4	3	3	3	4	5	男	20代
A14	3	3	4	4	3	4	3	4	3	3	女	30代
A15	4	3	4	4	4	4	3	4	4	3	男	40代
A16	5	3	5	3	5	2	5	3	4	2	男	60代
A17	5	3	5	3	5	2	4	3	5	2	男	60代
A18	4	3	4	4	3	3	3	3	3	3	女	30代
A19	5	4	5	4	4	4	4	3	4	4	女	40代
A20	3	3	4	4	3	4	3	3	3	3	男	30代
A21	4	3	3	3	3	3	5	3	3	3	男	50代
A22	3	2	4	4	4	4	3	4	3	2	男	40代
A23	4	5	4	4	4	4	3	3	3	4	男	40代
A24	5	3	4	4	4	4	4	3	4	4	女	50代
A25	5	3	5	3	4	3	5	3	3	3	男	60代
A26	4	3	4	3	3	3	4	3	4	3	女	30代
A27	4	4	4	3	3	4	3	4	4	4	男	50代
A28	5	3	4	4	3	4	4	3	4	4	男	50代
A29	4	3	4	4	4	4	3	3	4	3	男	40代
A30	3	3	3	5	3	4	3	3	3	5	男	20代
A31	4	2	4	4	4	3	3	3	3	2	女	20代
A32	4	3	5	4	4	4	3	3	4	4	男	30代
A33	5	4	4	4	5	3	4	3	4	2	男	60代
A34	5	3	5	3	5	3	4	3	4	4	女	50代
A35	4	3	4	4	3	3	3	4	3	3	男	30代
A36	4	3	5	3	5	3	4	3	4	3	女	50代
A37	3	2	4	3	4	3	3	3	4	2	男	50代
A38	4	3	4	4	4	4	3	3	3	3	男	30代
A39	4	3	4	3	3	4	3	3	3	4	女	20代
A40	5	4	5	3	5	3	5	3	4	4	女	60代
A41	4	3	4	4	4	4	4	3	3	3	男	40代
A42	4	3	4	3	4	3	5	3	4	3	男	50代
A43	3	3	4	4	3	3	3	3	3	3	男	50代
A44	4	5	4	4	4	4	3	4	3	5	男	20代
A45	3	3	3	3	3	2	3	4	3	3	女	30代
A46	4	3	4	3	4	3	4	3	4	3	男	40代
A47	5	4	5	3	5	3	4	3	5	5	男	60代
A48	5	2	5	4	4	3	4	3	5	2	男	60代
A49	4	3	4	4	4	3	3	3	3	3	男	30代
A50	4	3	4	3	4	3	4	3	4	4	女	50代
項　目	Q10.満足度	Q1.店の雰囲気	Q2.店員の対応	Q3.言葉づかい	Q4.わかりやすさ	Q5.説明時間	Q6.品揃え	Q7.配置場所	Q8.商品価格	Q9.楽しい店	Q11.性別	Q12.年代別
平均値	4.06	3.10	4.14	3.64	3.94	3.38	3.62	3.12	3.62	3.22		
標準偏差	0.68	0.65	0.57	0.53	0.71	0.64	0.67	0.33	0.60	0.86		

表3.12　平均値と標準偏差の表

項目	平均値	標準偏差
お客様満足度	4.06	0.68
店の雰囲気	3.10	0.65
店員の対応	4.14	0.57
言葉づかい	3.64	0.53
わかりやすさ	3.94	0.71
説明時間	3.38	0.64
品揃え	3.62	0.67
配置場所	3.12	0.33
商品価格	3.62	0.60
楽しいお店	3.22	0.86

3章

営業・サービス活動の成功事例

度」(Q10)を列(縦)の最初に配置し，次に要因系指標の質問項目(Q1 〜 Q9)，さらにその横の列には，層別の「性別」や「年代別」の質問項目 (Q12)を配置します．また，行(横)は，回答者別に計50名のサンプル 結果を入力し，その下の行には，平均値(関数「AVERAGE」)と標準偏 差(関数「STDEV.S」)を入力します(表3.11).

各項目別の平均値と標準偏差の一覧表は，**表3.12** のとおりです．

2)　レーダーチャート

各平均値と標準偏差(表3.12)から各質問項目間のバランスを見るため に，平均値(SD 値)のレーダーチャート(**図3.19**)を作成したところ，結 果系指標の「お客様の満足度」の平均値は4.06 とおおむね他の項目よ りも高いことがわかりました．また，要因系指標の中で，高いのは「店 員の対応」の平均値4.14,「わかりやすさ」の平均値3.94,次いで「言 葉づかい」の平均値3.64,「品揃え」と「商品価格」の平均値3.62 です． 評価の低い項目は，「店の雰囲気」の平均値3.10,「配置場所」の平均値 3.12 と「楽しい店」の平均値3.22 であることがわかりました．

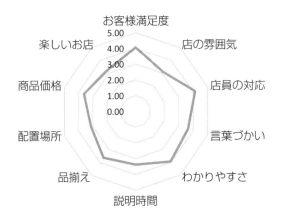

図 3.19　質問項目平均値のレーダーチャート

3)　スネークプロット

　表 3.12 をもとに，平均値を棒グラフ，標準偏差を折れ線グラフに表した複合グラフ（スネークプロット）を作成します（**図 3.20**）．その結果，標準偏差は，結果系指標の「お客様の満足度」0.68 であり，要因系指標

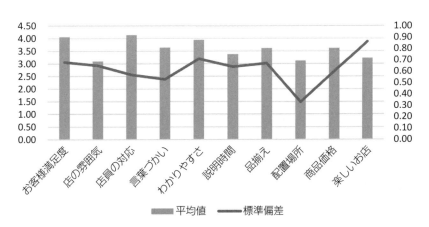

図 3.20　平均値と標準偏差のスネークプロット

の高いものを取り上げると,「楽しいお店」0.86 と「わかりやすさ」0.71,
次いで「品揃え」0.67 であり,これらの評価は,他の評価に比べると回
答者によって,大きくばらついていることがわかりました.また,平均
値(SD 値)が高いのは,「店員の対応」SD 値 4.14,「満足度」SD 値 4.06,
「わかりやすさ」SD 値 3.94 で,お客様の評価が高いといえます.平
均値が低いのは,「店の雰囲気」SD 値 3.10,「配置場所」SD 値 3.12,「楽
しいお店」の 3.22 です.

4) インタビューによる補足質問

お客様がお帰りの際にアンケートを回収すると同時に,インタビュー
形式で以下の 3 項目についてお尋ねすることにしました.インタビュー
は,3 分以内に終え,ご回答いただいた方にお礼として,気持ちばかり
の粗品を準備しました.

【インタビュー内容】

① ご来店の目的をお聞かせください.目的は果たせましたか?

② 購入された場合,どのカテゴリーの商品を購入されましたか?
（家電製品,オーディオ製品,AV 製品,空調製品,ビジネス機器,
照明器具,その他）

③ おおよその購入金額を教えていただけませんか?（任意）

ご来店目的別では,「商品購入」目的が 33 名と一番多く,66% を占
めています(**図 3.21**).購入商品別では,冷蔵庫や洗濯機を中心とした
「家電製品」が一番多く,続いてエアコンなどの「空調製品」,そして,
パソコンやプリンターなどのビジネス機器とテレビを中心とした映像機
器がほぼ同じ割合でした(**図 3.22**).

購入者を年代別に層別してみと,50 代が一番多く続いて 30 代,60 代,
40 代であり,20 代以外はは,各年代とも購入予定の 70% が購入してい
ます(**図 3.23**).

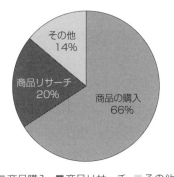

図3.21 ご来店目的の円グラフ

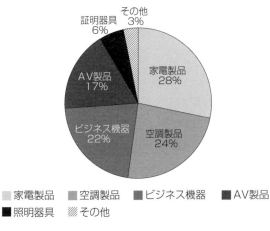

図3.22 購入商品別の内訳の円グラフ

また，全体では，購入予定者数以上の方が実際に購入(120%)していることがわかりました．

5) 相関係数行列分析

相関分析から質問間の関係を知ることができる相関係数行列（**表**

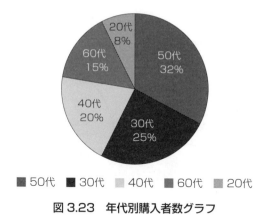

図 3.23　年代別購入者数グラフ

表 3.13　相関係数行列

	Q10.満足度	Q1.店の雰囲気	Q2.店員の対応	Q3.言葉づかい	Q4.わかりやすさ	Q5.説明時間	Q6.品揃え	Q7.配置場所	Q8.商品価格	Q9.楽しい店
Q10.満足度	1									
Q1.店の雰囲気	0.310	1								
Q2.店員の対応	0.553	0.127	1							
Q3.言葉づかい	-0.280	-0.072	-0.304	1						
Q4.わかりやすさ	0.596	0.058	0.573	-0.223	1					
Q5.説明時間	-0.148	0.055	-0.206	0.602	-0.129	1				
Q6.品揃え	0.634	0.090	0.303	-0.515	0.338	-0.278	1			
Q7.配置場所	-0.306	0.038	-0.200	0.137	-0.231	0.168	-0.254	1		
Q8.商品価格	0.553	0.100	0.395	-0.312	0.517	-0.202	0.446	-0.281	1	
Q9.楽しい店	0.150	0.654	-0.022	0.133	-0.111	0.291	0.042	0.049	0.085	1

3.13）では，質問項目間の相関係数を求め，その結果の相関係数が 0.5 以上の項目については，仮説構造図（**図 3.24**）で項目間に太い矢線を引いたところ，「お客様満足度」に特に影響のある項目は，「十分な品揃え」，「説明のわかりやすさ」，「店員の対応のよさ」，と「適正な商品価格」といえます．それ以外にも「店の雰囲気のよさ」，「わかりやすい配置場所」，「言葉づかい」も影響することがわかりました．

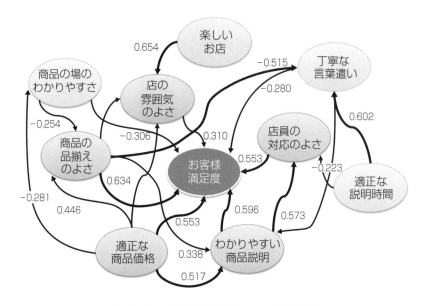

図 3.24　相関係数を記入した仮説構造図

6)　重回帰分析

重回帰分析の結果（**図 3.25**），重相関 R=0.830 は，結果系指標の「お客様満足度」と要因系指標の９項目との相関係数を見ることができます．寄与率は，自由度調整済寄与率の重決定 R2 の R^2=0.688 となり，結果系の「お客様満足度」を予測する項目として，要因系指標の９項目で 68.8％説明できるといえます．また，「有意 F」が 9.8E-08（=0.0007）であることから，「有意 F」<0.05（有意水準５％の場合有意となる）となり，重回帰式は成り立ちます．したがって，アンケートの回答も明確であることが予想され，質問項目の表現の見直しが特に必要ないといえます．

7)　ポートフォリオ分析

ポートフォリオ分析は，アンケートから得られた各回答項目について，「要因系指標の結果指標への影響度」と「要因系指標の平均値」を

回帰統計	
重相関 R	0.830
重決定 R_2	0.688
補正 R_2	0.618
標準誤差	0.422
観測数	50

分散分析表

	自由度	変動	分散	観測された分散比	有意 F
回帰	9	15.7041	1.7449	9.8084	9.80E-08
残差	40	7.1159	0.1779		
合計	49	22.82			

	係数	標準誤差	t	P-値	下限 95%	上限 95%	下限 95.0%	上限 95.0%
切片	-1.1641	1.2276	-0.9483	0.3487	-3.6452	1.3170	-3.6452	1.3170
Q1.店の雰囲気	0.2563	0.1289	1.9873	0.0538	-0.0044	0.5169	-0.0044	0.5169
Q2.店員の対応	0.2626	0.1334	1.9681	0.0560	-0.0071	0.5322	-0.0071	0.5322
Q3.言葉づかい	0.1998	0.1644	1.2154	0.2313	-0.1324	0.5320	-0.1324	0.5320
Q4.わかりやすさ	0.2309	0.1161	1.9893	0.0535	-0.0037	0.4655	-0.0037	0.4655
Q5.説明時間	0.0001	0.1250	0.0009	0.9993	-0.2526	0.2528	-0.2526	0.2528
Q6.品揃え	0.4733	0.1154	4.1015	0.0002	0.2401	0.7066	0.2401	0.7066
Q7.配置場所	-0.1652	0.1962	-0.8422	0.4047	-0.5617	0.2313	-0.5617	0.2313
Q8.商品価格	0.1576	0.1288	1.2231	0.2284	-0.1028	0.4180	-0.1028	0.4180
Q9.楽しい店	-0.0196	0.1025	-0.1910	0.8495	-0.2267	0.1876	-0.2267	0.1876

図 3.25　重回帰分析の結果

散布図に表し，「重点維持領域」，「維持領域」，「ウォッチング領域」，「重
点改善領域」の4つの領域に分け，各領域に位置する要因系指標を評価
します．重回帰分析で求めた標準偏回帰係数は，各指標の単位が異なる
ことも考えられるので，重回帰分析から要因系指標の結果系指標への影
響度を見るため，平均値0，標準偏差1の基準化したデータ表を作成し
ます（**表 3.14**）．

　この基準化したデータ表から，重回帰分析を行います（**図 3.26**）．

　こうして求めた偏回帰係数は標準偏回帰係数と呼ばれます．この標準
偏回帰係数と平均値（SD 値）を対にしたデータ表（**表 3.15**）から散布図を
作成し，要因系指標項目と数値を記入します．目盛りの中間に縦軸と横
軸を入れ，ポートフォリオ分析を行います（**図 3.27**）．

　ポートフォリオ分析の結果，お客様の期待（標準偏回帰係数）の値が大
きく，満足度（SD 値）が低い"重点改善領域"に該当する「品揃え」と

表3.14 標準化したマトリックス・データ表

ID	Q10.満足度	Q1.店の雰囲気	Q2.店員の対応	Q3.言葉づかい	Q4.わかりやすさ	Q5.説明時間	Q6.品揃え	Q7.配置場所	Q8.商品価格	Q9.楽しい店
A01	-0.088	1.391	-0.245	-1.218	0.084	0.976	-0.930	-0.366	0.631	0.903
A02	1.377	-0.155	-0.245	0.685	1.489	0.976	0.570	-0.366	0.631	-0.255
A03	-1.553	-1.701	-0.245	0.685	0.084	0.976	-0.930	-0.366	-1.029	-1.412
A04	-0.088	-0.155	-0.245	0.685	-1.321	0.976	-0.930	-0.366	-1.029	-0.255
A05	-0.088	-0.155	1.504	-1.218	0.084	-0.598	-0.930	-0.366	-1.029	-1.412
A06	-1.553	-1.701	-0.245	0.685	-1.321	-0.598	-0.930	-0.366	-1.029	-1.412
A07	-0.088	-0.155	-0.245	0.685	0.084	-0.598	-0.930	-0.366	0.631	-0.255
A08	-0.088	-0.155	-0.245	0.685	0.084	2.550	0.570	2.681	0.631	0.903
A09	1.377	-0.155	1.504	-1.218	1.489	-0.598	0.570	-0.366	0.631	-0.255
A10	-0.088	-0.155	-0.245	0.685	0.084	0.976	0.570	-0.366	0.631	0.903
A11	-0.088	-0.155	-0.245	-1.218	-1.321	-0.598	0.570	-0.366	-1.029	-0.255
A12	-1.553	-0.155	-0.245	0.685	0.084	-0.598	-0.930	-0.366	-1.029	-0.255
A13	-0.088	1.391	-0.245	0.685	0.084	-0.598	-0.930	-0.366	0.631	2.060
A14	-1.553	-0.155	-0.245	0.685	-1.321	0.976	-0.930	2.681	-1.029	-0.255
A15	-0.088	-0.155	-0.245	0.685	0.084	0.976	0.570	-0.366	0.631	-0.255
A16	1.377	-0.155	1.504	-1.218	1.489	-2.172	2.070	-0.366	0.631	-1.412
A17	1.377	-0.155	1.504	-1.218	1.489	-2.172	0.570	-0.366	2.291	-1.412
A18	-0.088	-0.155	-0.245	0.685	-1.321	-0.598	-0.930	-0.366	-1.029	-0.255
A19	1.377	1.391	1.504	0.685	0.084	0.976	-0.930	-0.366	0.631	0.903
A20	-1.553	-0.155	-0.245	0.685	-1.321	0.976	-0.930	-0.366	-1.029	-0.255
A21	-0.088	-0.155	-1.994	-1.218	-1.321	-0.598	2.070	-0.366	-1.029	-0.255
A22	-1.553	-1.701	-0.245	0.685	0.084	0.976	-0.930	2.681	-1.029	-1.412
A23	-0.088	2.937	-0.245	0.685	0.084	0.976	-0.930	-0.366	-1.029	0.903
A24	1.377	-0.155	-0.245	0.685	0.084	0.976	0.570	-0.366	0.631	0.903
A25	1.377	-0.155	1.504	-1.218	0.084	-0.598	2.070	-0.366	-1.029	-0.255
A26	-0.088	-0.155	-1.994	-1.218	-1.321	-0.598	0.570	-0.366	0.631	-0.255
A27	-0.088	1.391	-0.245	-1.218	-1.321	-0.598	0.570	-0.366	0.631	0.903
A28	1.377	-0.155	-0.245	0.685	-1.321	0.976	0.570	-0.366	0.631	0.903
A29	-0.088	-0.155	-0.245	0.685	0.084	0.976	-0.930	-0.366	0.631	-0.255
A30	-1.553	-0.155	-1.994	2.589	-1.321	0.976	-0.930	-0.366	-1.029	2.060
A31	-0.088	-1.701	-1.994	0.685	1.489	0.976	-0.930	-0.366	-1.029	-1.412
A32	-0.088	-0.155	1.504	0.685	0.084	0.976	-0.930	-0.366	-1.029	0.903
A33	1.377	1.391	-0.245	0.685	1.489	-0.598	0.570	-0.366	0.631	-1.412
A34	1.377	-0.155	1.504	-1.218	1.489	-0.598	0.570	-0.366	0.631	0.903
A35	-0.088	-0.155	-0.245	0.685	-1.321	-0.598	-0.930	2.681	-1.029	-0.255
A36	-0.088	-0.155	1.504	-1.218	1.489	-0.598	0.570	-0.366	0.631	-0.255
A37	-1.553	-1.701	-0.245	-1.218	0.084	-0.598	-0.930	-0.366	0.631	-1.412
A38	-0.088	-0.155	-0.245	0.685	0.084	0.976	-0.930	-0.366	-1.029	-0.255
A39	-0.088	-0.155	-0.245	0.685	0.084	-0.598	0.570	-0.366	-1.029	0.903
A40	1.377	1.391	1.504	-1.218	1.489	-0.598	2.070	-0.366	0.631	0.903
A41	-0.088	-0.155	-0.245	0.685	0.084	0.976	0.570	-0.366	0.631	-0.255
A42	-0.088	-0.155	-0.245	-1.218	0.084	-0.598	2.070	-0.366	0.631	-0.255
A43	-1.553	-0.155	-0.245	0.685	-1.321	-0.598	-0.930	-0.366	0.631	-0.255
A44	-0.088	2.937	-0.245	0.685	0.084	0.976	-0.930	2.681	-1.029	2.060
A45	-1.553	-0.155	-1.994	-1.218	-1.321	-2.172	-0.930	2.681	-1.029	-0.255
A46	-0.088	-0.155	-0.245	-1.218	0.084	-0.598	0.570	-0.366	0.631	-0.255
A47	1.377	1.391	1.504	-1.218	1.489	-0.598	0.570	-0.366	2.291	2.060
A48	1.377	-1.701	1.504	0.685	1.489	-0.598	0.570	-0.366	2.291	-1.412
A49	-0.088	-0.155	-0.245	0.685	0.084	-0.598	-0.930	-0.366	-1.029	-0.255
A50	-0.088	-0.155	-0.245	-1.218	0.084	-0.598	-0.930	-0.366	0.631	0.903
項目	Q10.満足度	Q1.店の雰囲気	Q2.店員の対応	Q3.言葉づかい	Q4.わかりやすさ	Q5.説明時間	Q6.品揃え	Q7.配置場所	Q8.商品価格	Q9.楽しい店
平均値	0.00	0.00	0.00	0.00	0.00	0.00	0.00	0.00	0.00	0.00
標準偏差	1.00	1.00	1.00	1.00	1.00	1.00	1.00	1.00	1.00	1.00

図 3.26　標準化したデータ表の重回帰分析の結果

表 3.15　標準準偏回帰係数と SD 値

	偏回帰係数	SD 値
Q1. 店の雰囲気	0.243	4.06
Q2. 店員の対応	0.220	3.10
Q3. 言葉づかい	0.154	4.14
Q4. わかりやすさ	0.241	3.64
Q5. 説明時間	0.000	3.94
Q6. 品揃え	0.462	3.38
Q7. 配置場所	-0.079	3.12
Q8. 商品価格	0.139	3.62
Q9. 楽しいお店	-0.025	3.22

「店員の対応」の要因系の指標について，改善策を検討します．

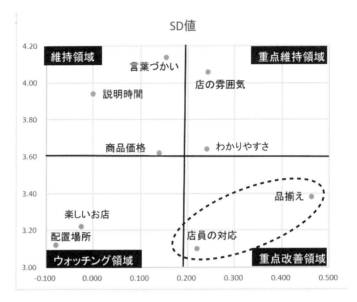

図 3.27　標準偏回帰係数と SD 値のポートフォリオ分析

(4)　アンケートの分析結果のまとめ

　アンケートの分析結果より，お客様の期待とそれに対する満足度に大きく影響を与え要因系指標が明確になりました．重点改善項目の「店員の対応」，「品揃え」を重点に取り組むとともに，ウォッチング領域にある満足度(SD 値)の低い，「楽しいお店」づくりや「商品配置」についても改善策を講じる必要があります．

　今後は，従来の延長線上だけでなく，ベンチマーキングやいろいろなアイデア発想法などを活用して，お客様の期待を大きく超える改善策の検討を行い，ご来店いただくお客様にご満足いただけるお店づくりを実現します．

■引用・参考文献

1) Dimitrix Maex & Paul B. Brown 共著, 馬渕邦美監修, 小林啓倫訳：
『データサイエンティストに学ぶ「分析力」』, 日経 BP 社, 2013.

2) 全世界で発生するデータ量の予測」, IDC Japan, 2017.11.14.

3) Gordon E. Moore："Cramming more components onto integrated cir-
cuits", *Electronics*, Vol.38, No.8, 1965.

4) Keith, R. J.："The Marketing Revolution", *Journal of Marketing*, Vol.24,
No.1, pp.35-38, 1960.

5) Bartles, R.：*The History of Marketing Thought*, Grid pub, 1976.

6) 松尾豊：『人工知能は人間を超えるか』, KADOKAWA／中経出版,
2015.

7) C. M. Bishop 著, 元田浩, 栗田喜久夫, 樋口知之, 松本裕治, 村田昇監
訳：『パターン認識と機械学習　上』, 丸善出版, 2007.

8) C. M. Bishop 著, 元田浩, 栗田喜久夫, 樋口知之, 松本裕治, 村田昇監
訳：『パターン認識と機械学習　下』, 丸善出版, 2008.

9) 酒井邦嘉：『言語の脳科学』, 中央公論新社, 2002.

10) 渡辺正峰：『脳の意識 機械の意識』, 中央公論新社, 2017.

11) NHK「人間ってナンだ？　超 AI 入門」, 2017.9 ～ 2017.12 放映.

12) 松田雄馬：『人工知能はなぜ椅子にすわれないのか』, 新潮社, 2018.

13) 新井紀子：『AI vs. 教科書が読めない子どもたち』, 東洋経済新報社,
2018.

14) 市川伸一：『考えることの科学』, 中央公論新社, 1997.

15) Kurzweil, Ray：*The Singularity is Near*, Viking, 2005.

16) Mehrabian, A：*Silent messages*, Wadsworth, 1971.

17) 野口博司：『図解と数値例で学ぶ多変量解析入門』, 日本規格協会,
2018.

18) J. MacQueen："Some methods for classification and analysis of multi-
variate observations", *Proceedings of the Fifth Berkeley Symposium on Math-
ematical Statistics and Probability, Vol.1: Statistics*, University of California
Press, pp.281-297, 1967.

19) 梅田悟司：『『言葉にできる』は武器になる。』, 日本経済新聞出版社,
2016.

20) 三森ゆりか：『大学生・社会人のための言語技術トレーニング』, 大修

館書店，2013.

21)　藤澤伸介：『言語力』，新曜社，2011.

22)　Hayakawa, S. I：*Language in Thought and Action,* Harcourt, Brace and Company, 1949.

23)　S. I. ハヤカワ著，大久保忠利訳：『思考と行動における言語』，岩波書店，1985.

24)　NHK：「人を動かす「共感力」」，クローズアップ現代，2013.07.26 放映，

25)　Pralo. Giudici：*Applied Data Mining*, Principles of Data Mining MIT Press, Cambridge MA, Wiley. 2003.

26)　Hand, Mannila and Smyth, *Principles of Data Mining*, MIT Press, Cambridge MA. 2001.

27)　月本洋，松本一教：『やさしい確率・情報・データマイニング第 2 版』，森北出版，2013.

28)　今里健一郎：『新 QC 七つ道具の使い方がよ〜くわかる本』，秀和システム，2012.

29)　新 QC 七つ道具セミナー教程委員会：「新 QC 七つ道具セミナーテキスト」，日本科学技術連盟，2019.

30)　西日本 N7 研究会編，今里健一郎編著，飯塚裕保，猪原正守，神田和三，北廣和雄，兒玉美恵，小林正樹，子安弘美，髙木美作恵，田中達男，玉木太，野口博司，山来寧志著：『新 QC 七つ道具活用術』，日科技連出版社，2015.

31)　西日本 N7 研究部会：「AI の言語理解の仕組みから N7 の活用ポイントを探る」，『クオリティフォーラム 2018 発表要旨集』，日本科学技術連盟，2018.

32)　野口博司：「新素材用途探索の技法」，『日本品質管理学会第 10 回研究発表会・研究発表要旨集，pp.19-22，1977.

33)　野口博司：『すぐわかるマネジメント・サイエンス入門』，日科技連出版社，2007.

34)　野口博司：『おはなし生産管理』，日本規格協会，2002.

35)　野口博司編著，磯貝恭史，今里健一郎，持田信治著：『ビッグデータ時代のテーマ解決法　ピレネー・ストーリー』，日科技連出版社，2015.

36)　野口博司，又賀喜治：『社会科学のための統計学』，日科技連出版社，2007.

37)　今里健一郎：『改善力を高めるツールブック』，日本規格協会，2004.

38)　今里健一郎：『仕事に役立つ七つの見える化シート』，日本規格協会，2010.

39)　今里健一郎，佐野智子：『生き活き改善活動あれこれ 27 か条』，日科技連出版社，2011.

40)　今里健一郎：『これだけ！統計解析』，秀和システム，2015.

索　引

【著者紹介】

今里　健一郎　（いまざと　けんいちろう）　執筆担当：第2章

　1972年3月　福井大学工学部電気工学科卒業

　1972年4月　関西電力株式会社入社

　　　　　　　同社北支店電路課副長，同社市場開発部課長，同社TQM

　　　　　　　推進グループ課長，能力開発センター主席講師を経て退職

　　　　　　　（2003年）

　2003年7月　ケイ・イマジン設立

　2006年9月　関西大学工学部講師，近畿大学講師

　2011年9月　神戸大学講師，流通科学大学講師

　現在，ケイ・イマジン代表

主な著書

　『Excelで手軽にできるアンケート解析』，日本規格協会，2008年

　『QC七つ道具がよ〜くわかる本』，秀和システム，2009年

　『新QC七つ道具の使い方がよ〜くわかる本』，秀和システム，2012年

　『図解　すぐに使える統計的手法』，日科技連出版社，2012年（共著）

　『Excelでここまでできる統計解析　第2版』，日本規格協会，2015年（共著）

　『実務に直結！　改善の見える化技術』，日科技連出版社，2019年（共著）

高木　美作恵　（たかぎ　みさえ）　執筆担当：第3章

　1974年　シャープ株式会社入社　海外事業本部配属

　1977年　商品信頼性本部　本部長室　本部長秘書業務

　2001年　商品信頼性本部　CS・品質戦略室　課長

　2003年　CS推進本部　グローバル品質戦略室　部長職

　2014年2月　退職

　2014年6月　クリエイティブ・マインド設立

　現在，クリエイティブ・マインド代表

主な著書

『経営課題改善実践マニュアル』，日本規格協会，2003 年(共著)

『改善を見える化する技術』，日科技連出版社，2007 年(共著)

『開発・営業・スタッフの小集団プロセス改善活動』，日科技連出版社，2009 年(共著)

『Excel でいつでも使える Q7・N7 手法』，日本規格協会，2015 年(共著)

『実務に直結！　改善の見える化技術』，日科技連出版社，2019 年(共著)

野口　博司　（のぐち　ひろし）　執筆担当：第 1 章、第 3 章

1946 年　京都府に生まれる．

1972 年　京都工芸繊維大学大学院工芸学研究科修士課程修了

1972 年　東洋紡株式会社に入社，1998 年に大阪大学より工学博士を授与

2000 年　東洋紡株式会社技術部長より流通科学大学商学部助教授に就任

2002 年　流通科学大学商学部教授

2015 年　流通科学大学商学部教授を定年退職

現在，流通科学大学名誉教授

主な著書

『おはなし生産管理』，日本規格協会，2002 年

『マネジメント・サイエンス入門』，日科技連出版社，2007 年

『社会科学のための統計学』，日科技連出版社，2007 年(共著)

『ビッグデータ時代のテーマ解決法　ピレネー・ストーリー』，日科技連出版社，2015 年(編著)

『図解と数値例で学ぶ多変量解析入門』，日本規格協会，2018 年

営業・サービスのデータ解析入門

業績を上げるビッグデータの使い方

2021 年 3 月 28 日　第 1 刷発行

著　者　今里健一郎
　　　　高木美作恵
　　　　野口　博司

発行人　戸羽　節文

検　印
省　略

発行所　株式会社 日科技連出版社
〒151-0051　東京都渋谷区千駄ケ谷 5-15-5
　　　　　　DS ビル
　　　　　　電話　出版 03-5379-1244
　　　　　　　　　営業 03-5379-1238

Printed in Japan

印刷・製本　㈱中央美術研究所

© Kenichiro Imazato, Misae Takagi, Hiroshi Noguchi 2021
ISBN 978-4-8171-9730-6
URL　https://www.juse-p.co.jp/